城镇排水与污水处理行业职业技能培训鉴定丛书

排水管道工

培训题库

北京城市排水集团有限责任公司　组织编写

中国林業出版社
·北京·

图书在版编目（CIP）数据

排水管道工培训题库/北京城市排水集团有限责任公司组织编写. —北京：中国林业出版社，2020.9
（城镇排水与污水处理行业职业技能培训鉴定丛书）
ISBN 978-7-5219-0811-4

Ⅰ.①排… Ⅱ.①北… Ⅲ.①市政工程－排水管道－管道工程－职业技能－鉴定－习题集
Ⅳ.①TU992.23-44

中国版本图书馆 CIP 数据核字（2020）第 179341 号

中国林业出版社
责任编辑：陈 惠
电 话：（010）83143614

出版发行 中国林业出版社（100009 北京市西城区刘海胡同 7 号）
https://www.forestry.gov.cn/lycb.html
印 刷 北京中科印刷有限公司
版 次 2020 年 10 月第 1 版
印 次 2020 年 10 月第 1 次印刷
开 本 889mm×1194mm 1/16
印 张 8.5
字 数 275 千字
定 价 52.00 元

城镇排水与污水处理行业职业技能培训鉴定丛书

编写委员会

主　　编　郑　江

副 主 编　张建新　蒋　勇　王　兰　张荣兵

执行副主编　王增义

《排水管道工培训题库》编写人员

李小恒　姜明洁　严瞿飞　王恩雕　杨福天

崔苗苗　毕　琳　李　浩　徐克举　马海金

程筱雄

前　言

2018年10月，我国人力资源和社会保障部印发了《技能人才队伍建设实施方案（2018—2020年）》，提出加强技能人才队伍建设、全面提升劳动者就业创业能力是新时期全面贯彻落实就业优先战略、人才强国战略、创新驱动发展战略、科教兴国战略和打好精准脱贫攻坚战的重要举措。

我国正处在城镇化发展的重要时期，城镇排水行业是市政公用事业和城镇化建设的重要组成部分，是国家生态文明建设的主力军。为全面加强城镇排水行业职业技能队伍建设，培养和提升从业人员的技术业务能力和实践操作能力，积极推进城镇排水行业可持续发展，北京城市排水集团有限责任公司组织编写了本套城镇排水与污水处理行业职业技能培训鉴定丛书。

本套丛书是基于北京城市排水集团有限责任公司近30年的城镇排水与污水处理设施运营经验，依据国家和行业的相关技术规范以及职业技能标准，并参考高等院校教材及相关技术资料编写而成，包括排水管道工、排水巡查员、排水泵站运行工、城镇污水处理工、污泥处理工共5个工种的培训教材和培训题库，内容涵盖安全生产知识、基本理论常识、实操技能要求和日常管理要素，并附有相应的生产运行记录和统计表单。

本套丛书主要用于城镇排水与污水处理行业从业人员的职业技能培训和考核，也可供从事城镇排水与污水处理行业的专业技术人员参考。

由于编者水平有限，丛书中可能存在不足之处，希望读者在使用过程中提出宝贵意见，以便不断改进完善。

2020年6月

目　录

第一章

初 级 工

第一节　安全知识

一、单选题

1. 以下排水管道施工特点不正确的是(　　)。

A. 施工环境多变　　B. 流动性大　　C. 施工作业条件差　　D. 手工露天作业少

答案：D

2. 井盖丢失导致(　　)、车辆损坏的公共安全事故。

A. 雨污水外溢冒水　　B. 人身伤害　　C. 传播重大传染病　　D. 触电

答案：B

3. 号称排水管道清淤、维护作业第一杀手的气体是(　　)。

A. 二氧化碳　　B. 二氧化硫　　C. 氢气　　D. 硫化氢

答案：D

4. 硫化氢气体被人体吸入后就会引起的情况以下错误的是(　　)。

A. 窒息　　B. 头晕　　C. 中毒　　D. 死亡

答案：B

5. 由于硫化氢比重大，不易被吹出，因此在管道通风鼓风时，必须把(　　)打开。

A. 相邻井盖　　B. 管段头井盖　　C. 管段末井盖　　D. 管段任一井盖

答案：A

6. 下井作业(　　)必须按要求履行审批手续。

A. 前　　B. 中　　C. 后　　D. 都行

答案：A

7. 井下作业时，必须进行连续气体检测，且井上监护人员不得少于(　　)人。

A. 1　　B. 2　　C. 3　　D. 4

答案：B

8. 井下作业进入管道内作业时，井室内应设置专人呼应和监护，监护人员(　　)。

A. 严禁擅离职守　　B. 一同下井　　C. 暂时上井接电话　　D. 有事先行离开

答案：A

9. 下井作业属于特殊的高空作业，操作人员应系(　　)安全带。

A. 全身式　　B. 半身式　　C. 汽车式　　D. 蹦极式

答案：A

10. 防汛抽排及应急抢险过程中，发电机及其相关设备因作业环境潮湿可能引发人员(　　)事故。

A. 触电　　B. 溺水　　C. 磕碰　　D. 摔倒

答案：A

11. 防汛抽排及应急抢险过程中，基坑边缘坍塌可能引发(　　)事故。

A. 触电　　B. 溺水　　C. 坠落　　D. 断裂

答案：C

12. 防汛抽排及应急抢险过程中，吊车吊物可能引发物体(　　)事故。

A. 触电　　B. 溺水　　C. 坠落　　D. 断裂

答案：C

13. 排水管网环境相对密闭，长期运行不会产生并聚集(　　)等。

A. 硫化氢　　B. 一氧化碳　　C. 可燃气　　D. 氧气

答案：D

14. 进退水管线的检查及清掏工作中，因防护不当可能造成(　　)或爆炸事故。

A. 有毒有害气体中毒　　B. 堵塞　　C. 触电　　D. 磕碰

答案：A

15. 以下关于严格执行下井作业审批制度的说法错误的是(　　)。

A. 能够有效控制下井次数　　B. 规范下井流程

C. 避免盲目操作　　D. 完全杜绝安全事故发生

答案：D

16. 有限空间作业配备非必要的是(　　)。

A. 防护用具　　B. 发电机　　C. 急救箱　　D. 正压式空气呼吸器

答案：B

17. 排水管道中的腐化物生成的气体中主要成分是(　　)。

A. 硫化氢　　B. 一氧化碳　　C. 可燃气　　D. 氧气

答案：A

18. 有限空间内进行浓度测定时，原则上要在垂直方向和水平方向分别取(　　)个以上取样点进行测定。

A. 2　　B. 3　　C. 6　　D. 9

答案：B

19. (　　)是预防有毒有害气体中毒的有效措施，能够有效降低排水管道内的有毒有害气体浓度。

A. 气体检测　　B. 安全隔离　　C. 通风换气　　D. 安全防护

答案：C

20. 排水管道内作业过程中，由于(　　)比重大，不易被吹出，因此在管道通风鼓风时，必须把相邻井盖打开。

A. 硫化氢　　B. 一氧化碳　　C. 可燃气　　D. 氧气

答案：A

21. 排水行业常用的气体检测仪有泵吸式和(　　)两种。

A. 发散式　　B. 聚集式　　C. 扩散式　　D. 收集式

答案：C

22. 进入有限空间前的气体检测以及作业过程中进入新作业面之前的气体检测，都应该使用(　　)。

A. 泵吸式气体检测仪　　B. 泵压式气体检测仪

C. 扩散式气体检测仪　　D. 发散式气体检测仪

答案：A

23. 气体检测仪检测时，当气体含量达到(　　)时可发出声光报警信号。

A. 仪器设置的警戒浓度　　B. 适当浓度　　C. 实际浓度　　D. 仪器预设的警戒浓度

答案：A

24. 根据排水行业有限空间作业特点，进行有限空间作业时作业人员应使用(　　)防毒面具。

A. 拦截式　　B. 阻止式　　C. 隔离式　　D. 过滤式

答案：C

25. 长管呼吸器是通过(　　)使佩戴者的呼吸器官与周围空气隔绝。

A. 眼镜　　B. 口罩　　C. 面罩　　D. 手套

答案：C

26. 长管呼吸器属于(　　)呼吸器中的一种。

A. 过滤式　　B. 隔绝式　　C. 半隔离式　　D. 氧气呼吸设备

答案：B

27. 高压送风式长管呼吸器的送风来源是(　　)。

A. 风机　　B. 普通通风　　C. 高压气源　　D. 大气

答案：C

28. 使用长管呼吸器时将长管的一端固定在(　　)的场所，另一端与面罩连接。

A. 空气清新无污染　　B. 井下　　C. 地面　　D. 井口

答案：A

29. 有限空间长期处于(　　)。

A. 封闭或半封闭　　B. 封闭　　C. 半封闭　　D. 开阔

答案：A

30. 长管呼吸器的送风长管必须(　　)。

A. 半年检查一次　　B. 不用检查　　C. 偶尔检查　　D. 经常检查

答案：D

31. 长管呼吸器的进风口一般可选择在有限空间出入口的(　　)。

A. 下风向　　B. 上风向　　C. 随便放　　D. 内侧

答案：B

32. 正压式空气呼吸器一般供气时间在(　　)左右。

A. 10min　　B. 20min　　C. 30min　　D. 40min

答案：D

33. 当报警器鸣响时或气瓶压力低于(　　)时，应立即撤离有毒有害危险作业场所。

A. 2. 5MPa　　B. 3. 5MPa　　C. 4. 5MPa　　D. 5. 5MPa

答案：D

34. 不同的紧急逃生呼吸器，其供气时间不同，一般在(　　)左右。

A. 10min　　B. 15min　　C. 20min　　D. 25min

答案：B

35. 一般安全帽使用期限不超过(　　)。

A. 1 年　　B. 2 年　　C. 3 年　　D. 4 年

答案：C

36. 在潮湿容器、狭小容器内作业应用(　　)以下的安全电压。

A. 6V　　B. 36V　　C. 24V　　D. 12V

答案：D

37. 交通安全设施施工区挡板设置高度不应低于(　　)。

A. 1. 2m　　B. 1. 5m　　C. 1. 8m　　D. 2m

答案：C

38. 有限空间作业时使用的照明灯具应用(　　)以下的安全电压。

A. 12V　　B. 24V　　C. 38V　　D. 48V

答案：B

39.《中华人民共和国突发事件应对法》将(　　)定义为突然发生，造成或者可能造成严重社会危害，需要采取应急处置措施予以应对的自然灾害、事故灾难、公共卫生事件和社会安全事件。

A. 紧急事件　　B. 突发事件　　C. 突发事故　　D. 突发情况

答案：B

40.( )是指根据应急策划的结果，主要针对可能发生的应急事件，做好各项准备工作。

A. 方针与原则　B. 应急策划　C. 应急准备　D. 应急响应

答案：C

41.( )是指在事故险情、事故发生状态下，在对事故情况进行分析评估的基础上，有关组织或人员按照应急救援预案所采取的应急救援行动。

A. 方针与原则　B. 应急策划　C. 应急准备　D. 应急响应

答案：D

42. 窒息的主要原因是有限空间内( )含量过低。

A. 氮气　B. 一氧化碳　C. 二氧化碳　D. 氧气

答案：D

43. 发生人员有毒有害气体中毒后，报警内容中应包括( )。

A. 单位名称、详细地址　B. 发生中毒事故的时间、报警人及联系电话

C. 有毒有害气体的种类、危险程度　D. 以上全部

答案：D

44. 关于溺水后救护的要点，以下不正确的是( )。

A. 救援人员必须正确穿戴救援防护用品后，确保安全后方可进入施救，以免盲目施救发生次生事故

B. 迅速将伤者移至救助人员较多的地点

C. 判断伤者意识、心跳、呼吸、脉搏

D. 清理口腔及鼻腔中的异物

答案：B

45. 关于溺水后救护的要点，以下不正确的是( )。

A. 判断伤者意识、心跳、呼吸、脉搏

B. 清理口腔及鼻腔中的异物

C. 等待救护人员到位后进行施救

D. 搬运伤者过程中要轻柔、平稳，尽量不要拖拉、滚动

答案：C

46.( )灭火器适用于扑灭易燃、可燃液体、气体及带电设备的初起火灾，还可扑救固体类物质的初起火灾，但不能扑救金属燃烧火灾。

A. 空气泡沫　B. 手提式干粉　C. 二氧化碳　D. 酸碱

答案：B

47. 灭火时，操作者应对准火焰( )扫射。

A. 上部　B. 中部　C. 根部　D. 中上部

答案：C

48.( )灭火器，适用于扑灭精密仪器、电子设备、珍贵文件、小范围的油类等引发的火灾，但不宜用于扑灭金属钾、钠、镁等引起的火灾。

A. 空气泡沫　B. 手提式干粉　C. 二氧化碳　D. 酸碱

答案：C

49. 为保证设备操作者的安全，设备照明灯的电压应选( )。

A. 380V　B. 220V　C. 110V　D. 36V 以下

答案：D

二、多选题

1. 管道施工现场存在的典型危险有害因素包括( )。

A. 地下管线(设施)调查不清，造成开槽作业等土方施工时破坏现有地下设施，具有同时造成次生伤亡事故的可能性

B. 新建污水管线建成后与现况污水管线勾头、打堵，存在有毒有害气体中毒造成人员伤亡的可能性

C. 长期运行会产生并聚集硫化氢、一氧化碳、可燃气等有毒有害气体

D. 管道穿越公路、铁路、河道等重要设施进行顶管作业时，受车辆荷载、地下水、地质变化、施工方案不合理或方案执行不利等因素影响，有可能造成施工人员、社会车辆损失等事故

答案：ABD

2. 排水管网相对处于密闭环境，长期运行会产生并聚集(　　)等有毒有害气体。

A. 硫化氢　　B. 一氧化碳　　C. 可燃气　　D. 氧气

答案：ABC

3. 排水管网相对处于密闭环境，作业环境(　　)。

A. 狭小　　B. 潮湿　　C. 黑暗　　D. 阴冷

答案：ABC

4. (　　)是预防有毒有害气体中毒的有效措施。

A. 自然通风　　B. 强制鼓风　　C. 强制进入　　D. 人员跟随

答案：AB

5. 人员下井、进入管道前，必须检测井下的有毒有害气体浓度，作业人员必须先填写(　　)。

A. 下井作业申请表　　B. 下井安全作业票　　C. 气体检测单　　D. 作业准备单

答案：AB

6. 根据排水行业有限空间作业特点，进行有限空间作业时作业人员应使用隔离式防毒面具，严禁使用(　　)。

A. 过滤式防毒面具　　B. 面罩　　C. 半隔离式防毒面具　　D. 氧气呼吸设备

答案：ACD

7. 打开紧急逃生呼吸器，将面罩或头套完整地遮掩到(　　)，迅速撤离危险环境。

A. 口　　B. 鼻　　C. 面部　　D. 头部

答案：ABCD

8. 气体检测仪是用于检测和报警工作场所空气中(　　)浓度或含量的仪器。

A. 氧气　　B. 可燃气　　C. 有毒有害气体　　D. 水

答案：ABC

9. 长管呼吸器根据供气方式不同可以分为(　　)。

A. 自吸式长管呼吸器　　B. 连续送风式长管呼吸器

C. 高压送风式长管呼吸器　　D. 自动式长管呼吸器

答案：ABC

10. 自吸式长管呼吸器的组成包括(　　)。

A. 密合性面罩　　B. 导气管　　C. 低压长管　　D. 低阻过滤器

答案：ABCD

11. 占道作业按施工方式可分为(　　)。

A. 全天作业　　B. 限时作业　　C. 移动作业　　D. 夜间作业

答案：ABC

12. 排水行业常用的气体检测仪有(　　)。

A. 泵吸式　　B. 聚集式　　C. 扩散式　　D. 收集式

答案：AC

13. 危险源的有效防范应利用(　　)消除、控制危险源，防止危险源导致事故发生，造成人员伤害和财产损失。

A. 工程技术控制　　B. 个人行为控制　　C. 安全教育培训

D. 管理手段　　E. 日常安全检查

答案：ABD

14. 有限空间内有毒有害气体物质主要来自于(　　)。

A. 存储的有毒化学品残留、泄漏或挥发

B. 某些生产过程中有物质发生化学反应，产生有毒物质，如有机物分解产生硫化氢

C. 某些相连或接近的设备或管道的有毒物质渗漏或扩散

D. 作业过程中引入或产生有毒物质，如焊接、喷漆或使用某些有机溶剂进行清洁

E. 因通风使有毒气体扩散

答案：ABCD

15. 有限空间作业必须配备个人防中毒、窒息等防护装备，设置安全警示标识，严禁无防护监护措施作业。现场要备足救生用的安全带、防毒面具、空气呼吸器等防护救生器材，并确保器材处于有效状态。安全防护装备包括：(　　)、应急救援设备和个人防护用品。

A. 作业指导书　　B. 通风设备　　C. 照明设备　　D. 通讯设备

答案：BCD

三、简答题

1. 预防有毒有害气体的主要防范措施有哪些？

答：预防有毒有害气体的主要防范措施有：(1)通风；(2)作业审批；(3)安全教育；(4)配备防护用具；(5)进行气体检测。

2. 使用泵吸式气体检测仪要注意什么？

答：(1)为将有限空间内气体抽至检测仪内，采样泵的抽力必须满足仪器对流量的需求；(2)为保证检测结果准确有效，要为气体采集留有充足的时间；(3)在实际使用中要考虑到随着采气导管长度的增加而带来的吸附和吸收损失，即部分被测气体被采样管材料吸附或吸收而造成浓度降低。

3. 有毒有害气体检测方法是什么？

答：在有限空间或者空气流通比较差的场所，有毒有害气体的浓度因位置不同而有显著差别。因此，在这些场所进行浓度测定时，原则上要在垂直方向和水平方向分别取3个以上的取样点进行测定。当作业场所积存有污水或淤泥较多时，要进行外部搅拌使水中的有毒有害气体扩散到空气中后再测定其浓度。如果无法从外部进行搅拌时，即使测定的浓度在标准值以下，也要佩戴适当的安全防护用品后再进行作业，且作业过程中必须不间断鼓风。

4. 占道作业交通安全设施主要包括什么？

答：道路交通标志、锥形交通路标、路栏、水马、施工区挡板、消能桶、闪光箭头板、夜间照明灯及施工警示灯等。

第二节　理论知识

一、单选题

1. 非均匀流是指水体在运动过程中，其任一点的任何一个运动要素沿流程(　　)的流动。

A. 不变　　B. 变化　　C. 降低　　D. 升高

答案：B

2. 在排水工程中，管渠内的水流不但多为非恒定流，且常为非均匀流，即水流参数往往随(　　)变化。

A. 时间　　B. 空间　　C. 时间和空间　　D. 水温

答案：C

3. 对于满管流动，如果管道截面在一段距离内不变且不发生转弯，则管内流动为(　　)。

A. 均匀流　　B. 非均匀流　　C. 重力流　　D. 压力流

答案：A

4. 水头分为位置水头、压力水头、(　　)三种形式。

A. 重力水头　　B. 自流水头　　C. 流速水头　　D. 流量水头

答案：C

5. 当管道在局部分叉、转弯与截面变化时，管内流动为(　　)。

A. 均匀流　　B. 非均匀流　　C. 重力流　　D. 压力流

答案：B

6. 当水流受到固定边界限制做均匀流动时，流动阻力中只有沿程不变的切应力，称为沿程(　　)。

A. 阻力　　B. 摩擦力　　C. 限制力　　D. 切应力

答案：A

7. 物体在光源的照射下会在地面或墙壁上留下它的影子，这种现象叫(　　)。

A. 投影　　B. 投影体　　C. 投射线　　D. 影子

答案：A

8. 管道横断面图主要表示排水管道在城市街道上(　　)方向的具体位置。

A. 水平与垂直　　B. 纵行与垂直　　C. 平行与垂直　　D. 水平与平行

答案：A

9. 图例在地形图中一般可分地貌符号、注记符号和(　　)三种。

A. 地物符号　　B. 标注符号　　C. 方向符号　　D. 地形符号

答案：A

10. 检查井的类型包括圆形井、方形井、(　　)等。

A. 扇形井　　B. 矩形井　　C. 梯形井　　D. 菱形井

答案：A

11. 检查井的井号(　　)顺序排列，可区分出干线井与支线井的井号。

A. 自右侧向左侧　　B. 自左侧向右侧　　C. 自下游向上游　　D. 自上游向下游

答案：D

12. 构筑物隐蔽轮廓线使用的线条线型是(　　)。

A. 最细线　　B. 实粗线　　C. 虚粗线　　D. 点细线

答案：C

13. 构筑物中心线使用的线条线型是(　　)。

A. 最细线　　B. 实粗线　　C. 虚粗线　　D. 点细线

答案：D

14. 地物地貌现状和标注尺寸线使用的线条线型是(　　)。

A. 最细线　　B. 实粗线　　C. 虚粗线　　D. 点细线

答案：A

15. 排水体制一般分为合流制、(　　)和混流制。

A. 污水制　　B. 雨水制　　C. 分流制　　D. 单一制

答案：C

16. 雨水口按进水箅在街道上的设置位置有(　　)。

A. 单箅　　B. 双箅　　C. 多箅　　D. 以上均有

答案：D

17. 污水排入水体的渠道和出口称为(　　)

A. 雨水口　　B. 污水口　　C. 出水口　　D. 进水口

答案：C

18. (　　)指将生活污水、工业废水和雨水混合在同一个管渠内排除的系统。

A. 雨水制排水体制　　B. 污水制排水体制　　C. 混合制排水体制　　D. 合流制排水体制

答案：D

19. 倒虹吸一般设计流速不得小于(　　)。

A. 0.6m/s　　B. 0.8m/s　　C. 1.0m/s　　D. 1.2m/s

答案：D

20. 泵站进水设施包括格栅、(　　)。

A. 管道　　B. 集水池　　C. 水泵　　D. 泵房

答案：B

21. 溢流井一般用于(　　)管道。

A. 合流　　B. 污水　　C. 雨水　　D. 污水或雨水

答案：A

22. 雨水口是在雨水管渠或合流管渠上收集(　　)的构筑物。

A. 污水　　B. 雨水　　C. 废水　　D. 生活用水

答案：B

23. 下列不属于管线材质的是(　　)。

A. 混凝土管　　B. 塑料管　　C. 复合管　　D. 铜管

答案：D

24. 下列不属于管线断面形状分类的是(　　)。

A. 圆形断面　　B. 拱形断面　　C. 矩形断面　　D. 三角形断面

答案：D

25. 下列不属于排水管线的管径分级的是(　　)。

A. 小型管　　B. 中型管　　C. 大型管　　D. 缩小型管

答案：D

26. 下列不属于排水管线以排水功能级别标准分级的是(　　)。

A. 户线　　B. 支线　　C. 干线　　D. 主线

答案：D

27. 井下作业时，应使用(　　)面具。

A. 隔离式防毒　　B. 过滤式防毒　　C. 半隔离式防毒　　D. 非隔离式防毒

答案：A

28. 当维护作业人员进入排水管道内部检查、维护作业时，必须同时符合下列各项要求：管径不得小于0.8m；管内流速不得大于(　　)；水深不得大于0.5m；充满度不得大于50%。

A. 0.8m/s　　B. 0.6m/s　　C. 0.5m/s　　D. 0.3m/s

答案：C

29. 工业区内经常受有害物质污染的场地(　　)，应经预处理达到相应标准后才能排入排水管渠。

A. 自来水　　B. 废水　　C. 雨水　　D. 污水

答案：C

30. 排水管道设计时，明渠最小设计流速一般不小于(　　)。

A. 0.2m/s　　B. 0.3m/s　　C. 0.4m/s　　D. 0.5m/s

答案：C

31. (　　)能承受较大外荷载力，适用于大跨度过水断面大的主干沟道，能够承担较大流量的雨水与合流排水系统内的污水。

A. 梯形断面　　B. 圆形断面　　C. 矩形断面　　D. 拱形断面

答案：D

32. 梯形断面适用于明渠排水，能适应水量大、水量集中的地面(　　)排除。

A. 合流水　　B. 废水　　C. 雨水　　D. 污水

答案：C

33. 通过对辖区内排水管网的运行状况进行系统性的梳理，掌握其具体的运行脉络，并根据设施承载的排水功能将管道划分为(　　)(按上下游关系排列)四个功能级别。

A. 户线—支线—干线—次干线　　B. 户线—干线—支线—次干线

C. 户线—支线—次干线—干线　　D. 户线—次干线—支线—干线

答案：C

34. (　　)接纳支线来水及输送上游管段来水，下游接入干线的排水管道。

A. 支线　　B. 干线　　C. 次干线　　D. 户线

答案：C

35. 根据排水管线的管径分级标准，方形管道横截面积(S)为 $0.3m^2 \leq S \leq 0.8m^2$ 的属于(　　)类型。

A. 小型管　　B. 中型管　　C. 大型管　　D. 特大型管

答案：B

36. 根据排水管线的管径分级标准，方形管道横截面积(S)为 $0.8m^2 < S \leq 1.8m^2$ 的属于(　　)类型。

A. 小型管　　B. 中型管　　C. 大型管　　D. 特大型管

答案：C

37. 排水管线的(　　)接纳支线来水及输送上游管段来水，下游接入干线的排水管道。

A. 户线　　B. 支线　　C. 次干线　　D. 干线

答案：C

38. 人力绞车是排水管道清淤的常用机械，适用管径为(　　)。

A. 0～200mm　　B. 200～600mm　　C. 600～1000mm　　D. 1000～1500mm

答案：B

39. 管道疏通作业时，一般在目标管段(　　)检查井位置，分别设置一台绞车，利用钢丝绳将管道内的疏通工具与地面两台绞车进行连接，通过人力转动绞车绞盘，以达到牵引管道内的疏通工具对管道进行清理的目的。

A. 下游　　B. 上游　　C. 上下游　　D. 中部

答案：C

40. 一般情况下，高压射流车作业应从管道(　　)开始，逐个检查井向下进行疏通，当管道处于完全阻塞状态时，应从管道(　　)开始，逐个检查井向上进行疏通，并应根据管道的结构状况、管径大小、淤塞状况、沉积物特点等因素选用适当的喷头，合理使用射水压力。

A. 最末端，起始端　　B. 起始端，起始端　　C. 起始端，最末端　　D. 最末端，最末端

答案：C

41. 管道结构侵入轻度占用过水断面积小于(　　)。

A. 10%　　B. 15%　　C. 20%　　D. 25%

答案：A

42. 突发事件发生后按照(　　)原则及时报告突发事件信息，迅速组织应急单元赶赴现场抓紧处置。

A. 安全第一，生产第二　　B. 快报事实，慎报原因

C. 实事求是，立即上报　　D. 快速反应，协同应对

答案：B

43. (　　)是指把保障公众的生命安全和身体健康、最大程度地预防和减少突发事件造成的人员伤亡作为首要任务，切实加强应急救援人员的安全防护。

A. 以人为本，安全第一　　B. 统一领导，分级负责

C. 预防为主，防救结合　　D. 快速反应，协同应对

答案：A

44. 交通安全标志的码放、回收要按照(　　)的顺序进行，且现场操作人员应穿反光服；交通安全标志要按规定距离码放，宁密勿疏。

A. 顺放逆收　　B. 顺收逆放　　C. 逆收顺收　　D. 逆放顺收

答案：A

45. 施工现场临时用电工程必须由(　　)负责管理，明确职责，并建立电工值班制度。

A. 电气工程技术人员　　B. 工长　　C. 工程部负责人　　D. 项目经理

答案：A

46. 在排水管道上游，建设专用(　　)，依靠地形高差，使井底高程高于管道底高程，并通过制造水头差来加大井水流流速，对下游管道进行冲洗。

A. 冲洗井　B. 检查井　C. 截流井　D. 集水井

答案：A

47. (　　)是目前最为常用的管道疏通设备。

A. 高压射流车　B. 吸泥车　C. 水车　D. 吸沙车

答案：A

48. (　　)包括防汛物资管理、防汛人员管理、防汛组织管理、防汛车辆管理。

A. 防汛管理　B. 防汛资源管理　C. 管理决策　D. 策划防汛

答案：B

49. 移动防汛是指通过手机、(　　)移动终端，满足外出和现场处置时对水雨情、气象、视频、人员物资、预案等实时信息的上报、查询，实现移动指挥办公。

A. ADP　B. PDA　C. APD　D. PAD

答案：B

50. 地理信息系统是在计算机系统支持下，对有关地理分布数据进行采集、储存、管理、(　　)、分析、显示和描述的技术系统。

A. 计算　B. 运算　C. 测算　D. 模拟

答案：B

51. 地理信息系统是以地理数据库为基础，采用地理模型分析方法，适时提供多种空间动态的地理信息，用于管理和决策过程的(　　)。

A. 计算器科学系统　B. 计算机科学系统　C. 计算机技术系统　D. 计算机应用系统

答案：C

52. 设施巡查管理信息系统应结合无线通信技术和(　　)。

A. 全球卫星定位技术　B. 通信技术　C. 人工智能技术　D. 其他高端技术

答案：A

53. 地理信息系统在近30多年内取得了惊人的发展，并广泛应用于环境评估、区域发展规划、公共设施管理、交通安全、(　　)等领域，成为一个跨学科、多方向的研究领域。

A. 资源采集　B. 资源调查　C. 技术支持　D. 技术调查

答案：B

54. 污水检查井出现冒水时，可利用缓冲区分析影响(　　)的大致范围。

A. 截流　B. 分流　C. 溢流　D. 水流

答案：C

55. 城市排水管网在日常运行过程中，会出现影响排水设施安全运行的外界因素，因此必须加强对(　　)的巡查管理。

A. 下水设施　B. 排水设施　C. 自来水设施　D. 井盖设施

答案：B

56. 基于地理信息系统的排水设施巡查管理系统，不仅为(　　)提供科学有效的监督和管理手段，更为重要的是对维护社会治安起到了防患于未然的作用。

A. 巡管人员　B. 巡查人员　C. 巡护人员　D. 巡林人员

答案：C

57. 传统巡护方式的巡查管理系统主要依靠员工的自觉性，在预先规定的巡逻地点上定时巡查，这种方式难以实现对巡护人员的科学、准确的(　　)，存在虚假谎报工作现象。

A. 考察　B. 考核与监控　C. 考核　D. 监测

答案：B

58. 设施巡查管理信息系统利用巡查人员手持PDA设备，将调度信息和(　　)等通过无线网络在现场端和监控系统控制总台之间双向传递。

A. 巡查信息　B. 设备信息　C. 通讯技术　D. 全面信息

答案：A

59. 排水设施巡查管理信息系统应结合(　　)全球卫星定位技术和无线通信技术。

A. APS　　B. 北斗　　C. GPS　　D. ETC

答案：C

60. 排水设施巡查管理信息系统利用巡查人员手持(　　)设备，将巡查信息、调度信息等通过无线网络在现场端和监控系统控制总台之间双向传递。

A. PAD　　B. AAP　　C. PDA　　D. DAP

答案：C

61. 排水设施巡查管理信息系统实现对巡查事件的快速收集、有效调度，又实现对巡查人员工作的(　　)掌控。

A. 人员　　B. 位置　　C. 全方位　　D. 全流程

答案：C

62. 排水设施巡查管理信息系统解决了巡查事务性工作难以管理的问题，又便于对巡查人员进行(　　)，突破传统管理模式的限制。

A. 指挥　　B. 绩效考核　　C. 安排　　D. 惩罚

答案：B

63. 基于地理信息系统的排水设施巡查管理系统可构成(　　)巡护管理系统。

A. 城市设施　　B. 人员　　C. 巡护人员　　D. 城市市政设施

答案：D

64. 设施巡查管理系统由一个(　　)和多个移动端组成。

A. 控制中心　　B. 采集器　　C. CPU　　D. 中心端

答案：D

65. 设施巡查管理系统可实现(　　)和排水事件报送等功能的集成。

A. 呼救管理　　B. 导航路线　　C. 执法仪　　D. 定位管理

答案：D

66. 中心端巡查管理平台，可对人员进行定位和轨迹回放，对各类(　　)事件进行综合管理。

A. 巡护　　B. 巡视　　C. 巡检　　D. 巡查

答案：D

67. 排水管网业务管理主要包括(　　)管理、管网运行管理、管网养护管理等。

A. 日常监测　　B. 日常检测　　C. 日常设施　　D. 日常巡视

答案：C

二、多选题

1. 自然界的常见物质的形态一般可分为(　　)。

A. 固体　　B. 临界液体　　C. 液体　　D. 气体

答案：ACD

2. 水头形式分为(　　)。

A. 位置水头　　B. 压力水头　　C. 流速水头　　D. 流量水头

答案：ABC

3. 线条使用为了使图纸上地形地物主次清晰，应用各种(　　)来加以区分。

A. 粗线条　　B. 细线条　　C. 实线条　　D. 虚线条

答案：ABCD

4. 图例在地形图中一般可分(　　)。

A. 地物符号　　B. 地貌符号　　C. 注记符号　　D. 地形符号

答案：ABC

5. 正投影的基本特征包括(　　)。

A. 全等性　　B. 积聚性　　C. 类似性　　D. 对称性

答案：ABC

6. 投影的要素包括(　　)。

A. 投射线　B. 投影中心　C. 对称线　D. 投影面

答案：BCD

7. 利用施工图改绘竣工图基本方式包括(　　)。

A. 杠改法　B. 贴图更改法　C. 触改法　D. 测量改法

答案：AB

8. 在排水工程中，管渠内的水流不但多为非恒定流，且常为非均匀流，即水流参数往往随(　　)变化。

A. 时间　B. 空间　C. 流速　D. 流量

答案：AB

9. 物体在光源的照射下不会出现(　　)。

A. 投影　B. 投影体　C. 投射线　D. 影子

答案：ABC

10. 检查井的类型包括(　　)。

A. 扇形井　B. 圆形井　C. 梯形井　D. 方形井

答案：ABD

11. 排水系统体制一般分为(　　)。

A. 合流制　B. 分流制　C. 混流制　D. 专一制

答案：ABC

12. 分流制排水体系是指将生活污水、工业废水和雨水混合在同一管渠内排除的系统。由于排除雨水方式的不同，分流制排水系统又分为(　　)排水系统。

A. 分流制　B. 不完全分流制　C. 综流制　D. 非综流制

答案：AB

13. 建筑物的雨水管道系统和设备主要用于收集(　　)屋面雨水，将其排入室外雨水管渠系统中。

A. 工业　B. 公共　C. 大型建筑　D. 河道

答案：ABC

14. 泵站管道设施包括(　　)。

A. 进水管道　B. 出水管道　C. 安全排水口　D. 溢流口

答案：ABC

15. 泵站进水设施包括(　　)。

A. 格栅　B. 集水池　C. 水泵　D. 调节池

答案：AB

16. 泵站调蓄池一般分为(　　)。

A. 截流调蓄池　B. 合流调蓄池　C. 污水调蓄池　D. 雨水调蓄池

答案：BD

17. 雨水口的进水箅可用(　　)制成。

A. 铸铁　B. 钢筋混凝土　C. 石料　D. 木材

答案：ABC

18. 以下不是污水排入水体的渠道和出口名称的是(　　)。

A. 雨水口　B. 污水口　C. 出水口　D. 进水口

答案：ABD

19. 雨水口在雨水管渠或合流管渠上不收集(　　)。

A. 污水　B. 雨水　C. 废水　D. 生活用水

答案：ACD

20. 混凝土管和钢筋混凝土管适用于排除雨水、生活污水、工业废水的无压力流管道，此外，钢筋混凝土管及预应力钢筋混凝土管亦可用作泵站的压力管及倒虹管。按材料与所承受的荷载不同可分为(　　)。

A. 混凝土管　B. 轻型钢筋混凝土管　C. 重型钢筋混凝土管　D. 塑料管

答案：ABC

21. 下列属于排水管线以排水功能级别标准分级的是(　　)。

A. 户线　B. 支线　C. 干线　D. 主线

答案：ABC

22. 一般街道居民区排水管网布置形式通常包括(　　)。

A. 环绕式　B. 贯穿式　C. 低边式　D. 高边式

答案：ABC

23. 管道断面需满足的条件有(　　)。

A. 管道所需的材质　B. 可排除该地区的雨污水量

C. 满足管道对坡度的要求　D. 符合管道的充满度

答案：BCD

24. 管线断面形状分类可分为(　　)。

A. 圆形断面　B. 拱形断面　C. 矩形断面　D. 梯形断面

答案：ABCD

25. 管线按材质可分为(　　)等。

A. 混凝土管　B. 塑料管　C. 复合管　D. 铜管

答案：ABC

26. 梯形断面适用于明渠排水，不能适应(　　)排除。

A. 合流水　B. 废物　C. 雨水　D. 污水

答案：ABD

27. 下列属于排水管线按管径分级的是(　　)。

A. 小型管　B. 中型管　C. 大型管　D. 缩小型管

答案：ABC

28. 根据排水管线的管径分级标准，方形管道横截面积(S)为$0.8m^2 < S \leq 1.8m^2$的不属于(　　)类型。

A. 小型管　B. 中型管　C. 大型管　D. 特大型管

答案：ABD

29. 排水管网病害成因包括(　　)。

A. 沉积淤塞　B. 水流冲刷　C. 腐蚀作用　D. 外荷载作用

答案：ABCD

30. 管道疏通的主要方式包括(　　)。

A. 水力疏通　B. 机械疏通　C. 人力掏挖　D. 专项疏通

答案：ABC

31. 常用的机械清淤疏通方法有(　　)。

A. 人力绞车疏通　B. 机械绞车疏通　C. 高压射流车疏通　D. 吸污车疏通

答案：ABCD

32. 以下属于排水管道功能性缺陷的是(　　)。

A. 积泥　B. 洼水　C. 结垢　D. 杂物

答案：ABCD

33. 以下属于排水管道结构性缺陷的是(　　)。

A. 腐蚀　B. 破裂　C. 变形　D. 错口

答案：ABCD

34. 设施巡查管理信息系统应结合(　　)。

A. 全球卫星定位技术　B. 无线通信技术　C. 5G 技术　D. 人工智能技术

答案：AB

35. 设施巡查管理信息系统利用巡查人员手持 PDA 设备，将(　　)等通过无线网络在现场端和监控系统控制总台之间双向传递。

A. 巡查信息　B. 调度信息　C. 通讯技术　D. 全面信息

答案：AB

36. 基于地理信息系统的排水设施巡查管理系统构成的城市市政设施巡护管理系统，由(　　)组成。

A. 服务器　　B. GPS 手持终端

C. GSM 网络　　D. 城市市政设施巡护管理系统

答案：ABCD

37. 排水管网业务管理主要包括(　　)等。

A. 管网养护管理　　B. 日常检测管理　　C. 日常设施管理　　D. 管网运行管理

答案：ACD

38. 地理信息系统是在计算机硬、软件系统支持下，对有关地理分布数据进行储存、(　　)、分析、显示和描述的技术系统。

A. 采集　　B. 运算　　C. 管理　　D. 模拟

答案：ABC

39. 防汛资源管理包括(　　)。

A. 防汛物资管理　　B. 防汛人员管理　　C. 防汛组织管理　　D. 防汛车辆管理

答案：ABCD

三、简答题

1. 水的主要力学性质有哪些？

答：(1)水的密度；(2)水的流动性；(3)水的黏滞性与黏滞系数；(4)水的压缩性与压缩系数；(5)水的表面张力、水力坡度。

2. 什么叫溢流井？

答：溢流井一般用于合流管道，当上中游管道的水量达到一定流量时，由此井进行分流，将过多的水量溢流出去，以防止由于水量过分集中某一管段处而造成倒灌、检查井冒水危险或污水处理厂和抽水泵站发生超负荷运转现象。

3. 简述检测技术观察法。

答：通过观察同条管道相间检查井内的水位，确定管道是否堵塞；观察窨井内的水质成分，如上游窨井中为正常的雨污水，而下游窨井内流出的是黄泥浆水，说明管道中间有断裂或塌陷。检查人员自进入检查井开始，在管道内连续工作时间不得超过 1h。当进入管道的人员遇到难以穿越的障碍时，不得强行通过，应立即停止检测。

4. 信息化排水系统的建设目标是什么？

答：城市排水管网地理信息系统建设遵循“整体规划、分步实施、循序渐进、逐步提升”的原则，利用“互联网 +”，促进生产与需求对接、传统产业与新兴产业融合，有效汇聚资源，推进分享经济成长，形成创新驱动发展新格局。

5. 简述人力绞车疏通操作方法。

答：此方法适用管径为 200 ~ 600mm，作业时，一般在目标管段上下游检查井位置，分别设置一台绞车，利用钢丝绳将管道内的疏通工具与地面两台绞车进行连接，通过人力转动绞车绞盘，以达到牵引管道内的疏通工具对管道进行清理的目的。上下游两台绞车中，一台为牵引绞车，另一台为复位绞车，牵引绞车和复位绞车除传动比不同外，其余结构均完全相同。

第三节　操作知识

一、单选题

1. 安全帽的帽壳与帽衬之间应有(　　)的间隙，保证当物体撞击安全帽时，帽壳不因受力变形而直接影响到佩戴者头顶部。

A. 25 ~ 50mm　　B. 30 ~ 50mm　　C. 35 ~ 50mm　　D. 40 ~ 50mm

答案：A

2. 帽壳形状为椭圆形或半球形，表面光滑，当物体坠落在帽壳上时，物体不能停留而立即滑落，且帽壳受到的冲击力会向(　　)传递，这样就把着力点变成了(　　)，从而避免了冲击力在帽壳上某点应力集中，减少了单位面积受力，对佩戴者头部进行保护。

A. 周围，着力面　　B. 集中，着力面　　C. 周围，支撑点　　D. 集中，支撑点

答案：A

3. 安全帽一般使用期限不超过(　　)。

A. 1 年　　B. 2 年　　C. 3 年　　D. 4 年

答案：C

4. 空气呼吸器可分为长管式空气呼吸器、正压式空气呼吸器、(　　)。

A. 长管式氧气呼吸器　　B. 正压式氧气呼吸器　　C. 紧急逃生呼吸器　　D. 增压式空气呼吸器

答案：C

5. 不应在(　　)的高温下和阳光直射处长期放置护目镜，以免损伤镜片。

A. 50℃以上　　B. 60℃以上　　C. 70℃以上　　D. 80℃以上

答案：B

6. 气体检测仪无输出，可能出现的原因有导线错接、(　　)。

A. 线路凌乱　　B. 电路故障　　C. 传输器失效　　D. 传入器失效

答案：A

7. 打开气瓶阀，观察压力表，压力表指针在 1min 之内下降应小于(　　)，如超过该泄漏指标，应马上停止使用该呼吸器。

A. 0.4MPa　　B. 0.5MPa　　C. 0.6MPa　　D. 0.7MPa

答案：B

8. 检查正压式空气呼吸器气瓶压力时，应打开气瓶阀，随后关闭；然后缓慢打开充泄阀，注意压力表指针下降至(　　)时，报警器是否开始报警，报警声音是否响亮。

A. (5 ±1) MPa　　B. (10 ±1) MPa　　C. (5 ±0.5) MPa　　D. (10 ±0.5) MPa

答案：C

9. 正压式空气呼吸器面罩气密性能检查合格后，将供气阀与面罩连接好，关闭供气阀的充泄阀，深呼吸几下，呼吸应顺畅，按下供气阀上的橡胶罩保护杠杆开关(　　)，供气阀应能正常打开。

A. 1 次　　B. 2 次　　C. 3 次　　D. 4 次

答案：B

10. 气瓶的定检周期一般为(　　)。

A. 1 年　　B. 2 年　　C. 3 年　　D. 4 年

答案：C

11. 对存在易燃易爆可能的场所，所使用的通风机应采用(　　)，以保证安全。

A. 防爆风机　　B. 防风机　　C. 喷雾风机　　D. 消防风机

答案：A

12. 气瓶总成由气瓶和瓶阀组成，气瓶从材质上分为钢瓶、(　　)。

A. 不锈钢瓶　　B. 复合瓶　　C. 铝合金瓶　　D. 铁瓶

答案：B

13. 通风设备主要为风机，一般由风机机体、风管等部分组成，常与移动式(　　)配合使用。

A. 发电机　　B. 发动机　　C. 制电机　　D. 制动机

答案：A

14. 安全绳(含未打开的缓冲器)不应超过(　　)，不应擅自将安全绳接长使用。

A. 0.5m　　B. 1m　　C. 2m　　D. 3m

答案：C

15. 关于气体检测仪的日常维护，下列错误的是(　　)。

A. 定期校准、测试和检验气体检测器

B. 保留所有维护、校准和告警事件的操作记录

C. 勿把检测器浸泡在液体中

D. 气体检测仪要放置在常温、湿润、密封环境中，避免暴晒

答案：D

16. 高压射流车疏通作业一般设置不少于(　　)。

A. 3 人　　B. 4 人　　C. 5 人　　D. 6 人

答案：C

17. 检查井设置在田间、绿地内时，其井盖宜高出地面(　　)左右。

A. 20cm　　B. 30cm　　C. 40cm　　D. 50cm

答案：B

18. 砌筑检查井时，对接入的支管应随砌随安，管口宜伸入井内(　　)。

A. 2cm　　B. 3cm　　C. 4cm　　D. 5cm

答案：B

19. 井盖安装完成后，在操作面表面淋适量乳化沥青作为黏结层，用沥青填充操作面，高度控制在高出路面(　　)。

A. 1 ~ 2cm　　B. 2 ~ 3cm　　C. 3 ~ 4cm　　D. 4 ~ 5cm

答案：B

20. 吸污车操作一般配合有限空间作业时，作业人员应不少于(　　)。

A. 3 人　　B. 4 人　　C. 5 人　　D. 6 人

答案：C

21. 吸污车操作一般配合有限空间作业时，其中主操兼司机(　　)。

A. 1 名　　B. 2 名　　C. 3 名　　D. 1 ~ 2 名

答案：D

22. 吸污车操作一般配合有限空间作业时，其中现场监护人员(　　)。

A. 1 人　　B. 2 人　　C. 3 人　　D. 1 ~ 2 人

答案：B

23. 机械绞车疏通作业时，一般由不少于(　　)组成。

A. 3 人　　B. 4 人　　C. 5 人　　D. 6 人

答案：C

24. 机械绞车疏通作业时，设置清掏人员(　　)。

A. 1 名　　B. 2 名　　C. 3 名　　D. 4 名

答案：B

25. 高压射流车疏通作业时，一般设置副操作手(　　)。

A. 1 名　　B. 2 名　　C. 3 名　　D. 4 名

答案：A

26. 高压射流车疏通作业时，一般设置清掏人员(　　)。

A. 1 名　　B. 2 名　　C. 3 名　　D. 4 名

答案：B

27. 人力绞车疏通作业时，一般由不少于(　　)组成。

A. 3 人　　B. 4 人　　C. 5 人　　D. 6 人

答案：C

28. 人力绞车疏通作业时，设置主操兼司机(　　)。

A. 1 名　　B. 2 名　　C. 3 名　　D. 1 ~ 2 名

答案：D

29. 人工掏挖操作，配备的设备有(　　)。

A. 绞车　　B. 水车　　C. 长管送风呼吸器　　D. 龙吸水车

答案：C

30. 吸污车抽排操作，配套工具吸管连接真空罐的(　　)吸泥软管。

A. 4 寸　　B. 5 寸　　C. 6 寸　　D. 7 寸

答案：C

31. 纵向定位距离的最小单位是(　　)，其精度通常要求在 ±0.5m 以内。

A. 0.1m　　B. 0.5m　　C. 1m　　D. 2m

答案：A

32. 电视检视系统，可由电脑遥控电视检视清洗前后老管道管内情况，如有尖锐物、泥土堵塞都能清晰地显示出来，对清洗后的老管清洁情况，对复原胀圆后的新管质量情况也能显示出来，这些资料记录于电子文件中，是工程的最佳记录依据。同时为质量和监理提供 DVD 高清晰影像及电子报告，1 次检测长度可超过(　　)。

A. 350m　　B. 400m　　C. 500m　　D. 600m

答案：A

33. 圆形或矩形排水管道摄像镜头移动轨迹应在管道中轴线上，“蛋形”管道摄像镜头移动轨迹应在管道高度 2/3 的中央位置，偏离不应大于(　　)。

A. ±15%　　B. ±30%　　C. ±20%　　D. ±10%

答案：D

34. 直向摄影是检测过程中的常态模式，当发现有异常情形时，应切换成侧向摄影模式，为了异常点拍得更准确，进行侧向摄影时，爬行器需停留(　　)以上，并变化拍摄视角和焦距，以获得清晰完整的影像。

A. 10s　　B. 15s　　C. 20s　　D. 25s

答案：A

35. 关于管道缠绕成型时间和后续处理，根据经验，如果所有的电视闭路电视检测和清洗工作已经完成，依管径、长度和施工现场情况的不同，通常一个管段(约 100m)的更新过程仅需约 3h，每天可以做(　　)段。其他施工工序，如支管切割等可以在穿管后马上进行。

A. 1～3　　B. 2～3　　C. 2～4　　D. 3～5

答案：B

36. 一般的折叠管复原工作主要依靠蒸汽加热和空气混合来控制温度与压力，按规定每次记录蒸汽压力、温度、管端内温度和环境温度，每 3～5min 记录 1 次。整个加温时间一般口径 300mm 为 4～6h，带压冷却(　　)后可以切割安装。

A. 18h　　B. 20h　　C. 24h　　D. 30h

答案：C

37. 高强度聚氨酯基层喷涂前，基层表面温度应≥5℃，环境温度≥15℃，管道内壁表面触干，环境相对湿度≤(　　)，并应强制通风。

A. 60%　　B. 70%　　C. 75%　　D. 85%

答案：C

38. 一般的折叠管复原工作主要依靠蒸汽加热和空气混合来控制温度与压力，按规定每次记录蒸汽压力、温度、管端内温度和环境温度，每 3～5min 记录 1 次。整个加温时间一般口径 300mm 为(　　)，带压冷却 24h 后可以切割安装。

A. 2～6h　　B. 4～6h　　C. 4～8h　　D. 4～10h

答案：B

39. 压力容器操作要平稳，容器开始加压时，速度不宜(　　)，要防止压力的突然上升。

A. 过慢　　B. 过快　　C. 匀速　　D. 过急

答案：B

40. 当管线接触酸或盐，许多金属管线容易受到局部腐蚀(状态恶化、孔洞腐蚀)，(　　)不会通过化学反应变腐烂、腐蚀、生锈或者损失管壁厚度。

A. PE 管　　B. 水泥管　　C. 混凝土管　　D. 砖管

答案：A

41. 应控制好双 A 水泥封口初凝时间在(　　)左右，防止聚氨酯浆液从封缝口两侧涌出流失。

A. 1h　　B. 2h　　C. 3h　　D. 4h

答案：A

42. 检查注浆效果的方法：抽取注浆孔数的 2%~5%，当检验结果低于设计指标的 70% 应增加(　　)倍的检查量。

A. 1　　B. 2　　C. 3　　D. 4

答案：A

43. 直径≥(　　)的管道，需要沿轴线和环向进行切槽处理。

A. 1500mm　　B. 2000mm　　C. 1600mm　　D. 1700mm

答案：A

44. 为确保管线施工质量，接口堵漏的聚氨酯及双 A 水泥材料要符合(　　)要求。

A. 标准　　B. 质量　　C. 设计　　D. 细度

答案：C

45. 在确定沟道埋设方法之后，现场施工即可开始，首先是(　　)。

A. 测量放线　　B. 测量水准　　C. 测量计算　　D. 测量沟道

答案：A

46. 在沟道沿线设置(　　)和控制桩，可定窨井的中心位置。

A. 水准点　　B. 水位线　　C. 水位高度　　D. 水平线

答案：A

47. 根据(　　)设置临时施工用水准点，为排管定高程作准备。

A. 设计图纸　　B. 设计方案　　C. 设计高程　　D. 设计方法

答案：A

48. 下列不属于测量放线的是(　　)。

A. 设置水准点　　B. 划定沟槽边线　　C. 挖土工作　　D. 工作坑开挖线

答案：C

49. 临时水准点应设置在不受施工影响的固定构筑物或(　　)上。

A. 建筑物　　B. 建筑图　　C. 建筑材料　　D. 建筑设计

答案：A

50. 临时水准点高程的测定，以工地邻近的永久性水准点为准，测定后应进行(　　)，防止高程发生错误。

A. 校核　　B. 效仿　　C. 校正　　D. 校准

答案：A

51. 排管时，在管壁厚度不均匀的情况下，应以管底标高为准，并在沟管底部垫稳，小于直径 600mm 的沟管，可采用(　　)预制混凝土楔形块稳管。

A. C15　　B. D15　　C. C10　　D. A15

答案：C

52. 当在不能筑坝断流河道中施工倒虹吸管时，可采用(　　)敷设倒虹吸管。

A. 沉管法　　B. 浮管法　　C. 顶管法　　D. 吊装法

答案：A

53. 以下不属于挖槽施工流程的是(　　)。

A. 前期准备工作　　B. 沟槽开挖　　C. 沟槽支撑　　D. 单板撑

答案：D

54. 千斤顶是掘进顶管的主要设备，顶管工程拟采用(　　)液压千斤顶。

A. 50t　　B. 100t　　C. 150t　　D. 200t

答案：B

55. 顶进施工应遵循(　　)的原则，连续作业，避免中途停止。

A. 先顶后挖，随挖随顶　　B. 先挖后顶，随顶随挖

C. 先挖后顶，随挖随顶　　D. 先顶后挖，随顶随挖

答案：C

56. 顶进开始时，应(　　)进行，待各接触部位密合后，再按正常顶进速度顶进。

A. 缓慢　　B. 快进　　C. 快出　　D. 缓进

答案：A

57. 在顶进施工过程中，顶第1节管时，及时校正顶进偏差过程中，应每顶进(　　)，对中心和高程测量一次。

A. 10～15cm　　B. 15～25cm　　C. 20～30cm　　D. 35～40cm

答案：C

58. 在正常顶进中，应每顶进(　　)时，测量1次。

A. 15～20cm　　B. 25～30cm　　C. 35～40cm　　D. 50～100cm

答案：D

59. 设计坡度在导轨安装时做好调整，导轨坡度应与管道设计坡度一致，固定两侧测点，随时校正，正负高差不得大于(　　)。

A. 5mm　　B. 10mm　　C. 15mm　　D. 20mm

答案：B

60. 工程建设中的“四新”包括新技术、新工艺、新材料和(　　)。

A. 新标准　　B. 新设备　　C. 新定义　　D. 新含义

答案：B

61. 管内表面出现的环向裂缝或者螺旋状裂缝宽度不应大于(　　)。

A. 0.1mm　　B. 0.3mm　　C. 0.5mm　　D. 0.7mm

答案：C

62. 距离管的插口端(　　)范围内出现的环向裂缝宽度不应大于1.5mm。

A. 50mm　　B. 150mm　　C. 250mm　　D. 300mm

答案：D

63. 管内表面不得出现长度大于(　　)的纵向可见裂缝。

A. 50mm　　B. 100mm　　C. 150mm　　D. 200mm

答案：C

64. 工程量是指以(　　)表示的各分项工程或结构构件的工程数量。

A. 物理计量单位　　B. 自然计量单位

C. 非物理计量单位或物理计量单位　　D. 自然计量单位或物理计量单位

答案：D

65. (　　)主要表现拟建工程的实体项目，分项工程的具体施工方法及措施，应按施工组织设计或施工方案确定。

A. 施工图纸　　B. 建设工程　　C. 施工方法　　D. 施工方案

答案：A

66. 以图纸左上角为起点，按(　　)方向依次进行计算，当按计算顺序绕图一周后又重新回到起点。这种方法一般用于各种带形基础、墙体、现浇及预制构件计算，其特点是能有效防止漏算和重复计算。

A. 逆时针　　B. 顺时针　　C. 逆时针或按顺时针　　D. 逆时针和按顺时针

答案：B

67. 计划依据工程量核算要以准确性、(　　)为原则。

A. 标准性　　B. 规则性　　C. 规范性　　D. 事实性

答案：B

68. (　　)在工程量计算中较为常见，例如墙体、构件布置、墙柱面装饰、楼地面做法等各层不同时，都

应按此法计算。

A. 快速计算　　B. 分段计算　　C. 分层计算　　D. 分区域计算

答案：C

69. 大型工程项目平面设计比较复杂时，可在伸缩缝或沉降缝处将平面图划分成几个区域分别计算工程量，然后再将各区域相同特征的项目合并计算，此计算方法是(　　)。

A. 快速计算　　B. 分段计算　　C. 分层计算　　D. 分区域计算

答案：D

70. (　　)方法是在基本方法的基础上，根据构件或分项工程的计算特点和规律总结出来的简便、快捷方法。

A. 快速计算　　B. 分段计算　　C. 分层计算　　D. 分区域计算

答案：A

71. (　　)的核心内容是利用工程量数表、工程量计算专用表、各种计算公式加以技巧计算，从而达到快速、准确计算的目的。

A. 快速计算　　B. 分段计算　　C. 分层计算　　D. 分区域计算

答案：A

72. (　　)情况包括工程概况、工程起止时间、工程主要内容及完成情况。

A. 工程安全　　B. 工程总体　　C. 工程投入　　D. 工程部分

答案：B

73. 工程名称栏，应填写工程名称的(　　)，并与合同或招投标文件中的一致。

A. 全称　　B. 项目方　　C. 施工日期　　D. 负责人

答案：A

二、多选题

1. 安全帽是对人头部受坠落物及其他特定因素引起的撞击、挤压等伤害时起防护作用的帽子，是由(　　)及附件等组成。

A. 帽壳　　B. 帽衬　　C. 下颏　　D. 帽檐

答案：ABC

2. 防爆手电的应用注意事项包括(　　)。

A. 使用前检查防爆手电电量是否充足，外观是否有损坏，检查正常后进行使用

B. 严禁随意拆卸灯具的结构件，尤其是密封结构件

C. 充电时使用随意配套的充电器，长期不用时应每隔1个月充电1次

D. 使用后及时清洁，使用眼镜布沾酒精等擦拭灯头

答案：ABD

3. 小型汽油泵的停机操作需要注意(　　)。

A. 将节气门拉杆向右移至全开位置　　B. 将发动机开关置于“关”位置

C. 将燃油开关置于“关”位置并与止动钮接触　　D. 将发动机开关置于“开”位置

答案：ABC

4. 以下检查井整修的操作要求正确的是(　　)。

A. 检查井内的踏步，安装前应刷防锈剂，在砌筑时用砂浆埋固，砂浆未凝固前不得踩踏

B. 砌筑圆井应随时掌握直径尺寸，进行收口时，四面收口的每层砖不应超过5cm，三面收口的每层砖不应超过4~6cm；圆井筒的楔形缝应以适宜的砖块填塞，砌筑砂浆应饱满

C. 砌筑检查井时，对接入的支管应随砌随安，管口宜伸入井内3cm；不得将截断管端放在井内，预留管口应封堵严密，封口抹平，封堵便于拆除

D. 有闭水要求的排水管道检查井，回填土前应进行管道井体的一体闭水试验

答案：ACD

5. 吸污车抽排操作中，作业前准备的描述正确的是(   )。

A. 检查车辆底盘润滑油、冷却液、变速箱油、尿素溶液等液位是否正常

B. 检查上装设备液压油、真空泵润滑油液位是否正常，油质是否合格

C. 检查三、四级过滤器水位是否合格，水质是否干净

D. 检查真空泵放水阀门，确认处于开启状态

答案：ABC

6. 吸污车操作一般配合有限空间作业，以下不符合现场监护人数要求的是(   )。

A. 1 名　　B. 2 名　　C. 3 名　　D. 1~2 名

答案：ACD

7. 掌握管道的基本信息，如建设年代、管材、管径、连接关系等，主要包括(   )资料的收集。

A. 现有排水管线图　　B. 管道竣工图或施工图

C. 已有管道检测资料　　D. 评估所需相关资料

答案：ABCD

8. 关于管节横断面注浆孔布置(管内向外)，在管径小于或等于 1600mm 时，布置 4 点，分别为时钟位置(   )处。

A. 2　　B. 5　　C. 7　　D. 10

答案：ABCD

9. 爬行器行进过程中遇到管道(   )等影响正常行进的问题时，可尝试从另一端进入拍摄，若再次受阻，可终止检测。

A. 破裂　　B. 塌陷　　C. 异物阻挡　　D. 轻度腐蚀

答案：ABC

10. 内衬新管实测实量应符合的要求有(   )。

A. 内衬新管厚度应符合设计要求

B. 内衬新管厚度检测位置，应避免在软管的接缝处，检测点为内衬新管圆周均等四点，取其平均值

C. 内衬新管设计厚度≤9mm 时，厚度正误差允许在 0~20%；内衬新管设计厚度 >9mm 时，厚度误差允许 0~25%

D. 内衬新管端部切口与井壁平齐，封口不渗漏水

答案：ABC

11. 当螺旋缠绕管不能完全独立承压，要通过灌浆形成复合管来承压时，水泥浆必须满足的要求有(   )。

A. 不易散开　　B. 同衬管和旧管之间有很好的黏结强度

C. 固化后的收缩性很小　　D. 较小的隔水性

E. 高抗压强度，7 天至少达到 20MPa，28 天至少达到 40MPa

答案：ABCDE

12. 测量放线包括(   )。

A. 设置水准点　　B. 划定沟槽边线　　C. 挖土工作　　D. 工作坑开挖线

答案：ABD

13. 挖槽施工包括(   )。

A. 准备工作　　B. 沟槽开挖　　C. 沟槽支撑　　D. 单板撑

答案：ABC

14. 导轨安装的注意事项有(   )。

A. 严格控制导轨的中心位置和高程，确保顶入管节中心及高程能符合设计要求

B. 由于工作井底板设置了单层双向钢筋网，并浇注了 20cm 的砼，地基稳定，导轨安装于枕木上，枕木放置在工作井的底板上

C. 严格控制导轨顶面的高程，其纵坡与管道纵坡一致

D. 导轨必须直顺，严格控制导轨的高程和中心

E. 顶铁安装必须顺直，无歪斜扭曲现象；加放顶铁时，应尽量使用长度大的顶铁，减少顶铁连接的数量；

顶进施工时，顶铁上方及侧面不得站人，并应随时观察有无异常迹象，以防崩铁伤人

答案：ABCD

15. 引入测量轴线及水准点的注意事项有(　　)。

A. 将地面的管道中心桩引入工作井的侧壁上(两个点)，作为顶管中心的测量基线

B. 将地面上的临时水准点引入工作井底不易碰撞的地方，作为顶管高程测量的临时水准点

C. 导轨必须直顺，严格控制导轨的高程和中心

D. 将地面的管道中心桩引入工作井的侧壁上(两个点)，作为顶管中心的基准点

答案：AB

16. 顶进施工应遵循(　　)的原则，连续作业，避免中途停止。

A. 先顶后挖　　B. 随挖随顶　　C. 先挖后顶　　D. 随顶随挖

答案：CD

17. 工程量核算要以(　　)为原则。

A. 准确性　　B. 规则性　　C. 规范性　　D. 事实性

答案：AB

18. 下列不属于引入测量轴线及水准点的是(　　)。

A. 将地面的管道中心桩引入工作井的侧壁上(两个点)，作为顶管中心的测量基线

B. 将地面上的临时水准点引入工作井底不易碰撞的地方，作为顶管高程测量的临时水准点

C. 导轨必须直顺，严格控制导轨的高程和中心

D. 将地面上的临时水准点引入工作井的侧壁上(两个点)，作为顶管中心的测量基线

答案：CD

三、简答题

1. 安全交底原则都有哪些?

答：安全交底原则包括如下：

1)根据指导性、可行性、针对性及可操作性原则，提出足够细化可执行的操作及控制要求。

2)确保与工作相关的全部人员都接受交底，并形成相应记录。

3)交底内容要始终与技术方案保持一致，同时满足质量验收规范与技术标准。

4)使用标准化的专业技术用语、国际制计量单位以及统一的计量单位；确保语言通俗易懂，必要时辅助插图或模型等措施。

2. 人工掏挖操作时，作业前需要做什么准备工作?

答：人工掏挖操作前的准备工作如下：

1)严格执行作业审批手续。

2)执行安全交底程序。

3)检查防护设备，如呼吸设备、检测设备、送风设备、发电设备等。

4)对作业现场进行安全隔离并设置危害警示牌与企业告知牌。

5)气体检测，原则是“先检测，后作业，作业过程中持续检测”。

6)通风换气，有害气体浓度高时采取强制通风手段。

7)现场监护人员不少于2人且持证上岗。

3. 施工质量控制的方法是什么?

答：施工质量控制方法如下：

1)接口堵漏的聚氨酯及双A水泥材料要符合设计要求。

2)管道接口裂缝应按施工规范剔凿和清除接口松动杂物，将漏水部位凿毛、冲洗干净，接口环缝处理要贯通、平顺、均匀，环缝宽度和深度均符合设计要求。

3)正确配制封缝材料双A水泥配比和聚氨酯注浆液，严格按照设计要求的操作程序分层填实石棉水泥油麻丝，聚氨酯灌浆和双A水泥封口堵漏各防水层的平均厚度须符合设计要求，最小厚度不得小于设计厚度的80%；控制好双A水泥封口初凝时间(1h左右)，防止聚氨酯浆液从封缝口两侧涌出流失。

4)注浆预埋胶管直径应大于1cm，胶管长度1m左右，接口预埋胶管必须留出进浆口和出气口，并在聚氨酯灌浆前检查预埋管进浆口和排气口间畅通无阻。

5)双A水泥砂浆封缝层表面应光洁、平整，与接口砼壁黏结牢固并连成一体，无空鼓、裂纹和麻面现象。

6)聚氨酯裂缝嵌补修复工程竣工质量应达到国家地下工程防水等级Ⅰ级标准，管道接口及井壁无渗水，结构表面无湿渍。

7)符合施工质量验收标准。

4. 安全技术交底的作用是什么？

答：安全技术交底的作用：

1)让一线作业人员了解和掌握该作业项目的安全技术操作规程和注意事项，减少因违章操作而导致事故的可能；是安全管理人员在项目安全管理工作中的重要环节。

2)做好安全技术交底是安全管理内业的内容要求，也是安全管理人员自我保护的手段。

5. 工程量核算的主要内容有什么？

答：工程清单、项目编码、综合单价、措施项目、预留金、总承包费、零星费用、消耗定额、企业定额、招标标底、投标报价、建设项目、单项工程、单位工程、分部工程、分项工程。

6. 简述工程量定义，并根据排水工程列举出不少于三类计量单位。

答：工程量是指以自然计量单位或物理计量单位表示的各分项工程或结构构件的工程数量，如井盖、箅子、踏步以“个”为计量单位，土石方以“m^3”为计量单位，钢筋、钢管、工字钢以“kg”为计量单位等。

7. 工程量计算的依据都包括哪些内容？

答：工程量核算要以准确性、规则性为原则，具体依据如下：

1)使用图纸及配套的标准图集：施工图纸及配套的标准图集，是工程量计算的基础资料和基本依据。施工图纸全面反映构筑物的结构构造、各部位的尺寸及工程做法。

2)预算定额、工程量清单计价规范：根据工程计价的方式不同(定额计价或工程量清单计价)，计算工程量应选择相应的工程量计算规则，编制施工图预算，应按预算定额及其工程量计算规则算量。若工程招标投标编制工程量清单，应按“计价规范”附录中的工程量计算规则算量。

3)施工组织设计或施工方案：施工图纸主要表现拟建工程的实体项目，分项工程的具体施工方法及措施，应按施工组织设计或施工方案确定。如计算基础土方，施工方法是人工开挖还是机械开挖，基坑周围是否需要放坡、预留工作面或做支撑防护等，应以施工组织设计或施工方案为计算依据。

8. 简述CCTV检测(中央控制工业管道内窥摄像)主控制器操作。

答：将远程控制彩色CCTV检测车送入已清洗好的排水管道内，将管道内的状况同时传输到电视监视屏幕和电脑上。操作人员通过主控制器的键盘或操纵杆边操作爬行器移动和摄像头姿态边录制成数字影像文件(mp4/mpg/av等格式)，同时存储在电脑硬盘内。

通过操作主控制器上的各种功能键钮来控制检测过程中的摄像，若在监视器中发现特征或异常点时，操作人员将其位置、方位、特征点和缺陷的代码等信息记录下来，并抓拍照片存入电脑内。

摄像方式通常采用两种模式。一种称为直向摄影(forward-view inspection)，即摄像头取景方向与管道轴向一致，且图像垂直方向保持正位，在摄像头随爬行器行进中通过控制器显示和记录管道内影像的拍摄模式，爬行器行移动时不能变换拍摄角度和焦距。另一种称为侧向摄影(lateral inspection)，即爬行器停止移动，摄像头偏离管道轴向，通过摄像头的变焦、旋转和俯仰等动作，重点显示和记录管道某侧或部位的拍摄模式。

直向摄影是检测过程中的常态模式，当发现有异常情形时，应切换成侧向摄影模式，为了将异常点拍得更准确，进行侧向摄影时，爬行器需停留10s以上，并变化拍摄视角和焦距，以获得清晰完整的影像。

四、实操题

1. 简述下管工作排管的操作内容。

答：1)沟管成品应逐只检查，确保管材的质量。若发现质量问题应按有关规定处理。否则不能用于排管。

2)排管前应复核龙门板、样板等标高以及中心线位置。以便准确进行排管施工。

3)若排管在采用支撑的沟槽内，则应先进行所排管道的净空和支撑牢固情况的检查，发现有挡道或松动的支撑，必须在替换支撑及加固后才能进行排管，且立即进行排管。以方便排管操作和确保施工安全。对于大于 1200mm 的沟管，应在排好后立即实施下部加撑，防止竖直板断裂或沟槽坍塌事故的发生。

4）排管前，应清除基础表面、管口等处的污泥杂物或积水。

5）排管时，在管壁厚度不均匀的情况下，应以管底标高为准。并在沟管底部垫稳，小于直径 600mm 的沟管，可采用 C15 预制混凝土楔形块稳管。

6）排管须顺直，管底坡度不许倒落水，混凝土管和钢筋混凝土管铺设应符合允许偏差。

第二章

中 级 工

第一节　安全知识

一、单选题

1. 排水管网因(　　)隐患或功能性隐患导致塌陷，可能造成人身伤害、车辆损坏的公共安全事故。

A. 结构性　　B. 设施性　　C. 安装性　　D. 使用性

答案：A

2. 排水管道中的腐化物生成的气体中主要成分是(　　)。

A. 二氧化碳　　B. 二氧化硫　　C. 氢气　　D. 硫化氢

答案：D

3. 在有限空间或者空气流通比较差的场所，进行有害气体浓度测定时，原则上要在垂直方向和水平方向分别取(　　)个以上的取样点进行测定。

A. 1　　B. 2　　C. 3　　D. 4

答案：C

4. 人脑作为生命中枢不停地活动，需要持续消耗(　　)。

A. 硫化氢　　B. 二氧化碳　　C. 氧气　　D. 氮气

答案：C

5. 开始作业前，要对作业场所空气中氧气浓度进行测定，(　　)方可作业。

A. 氧气浓度符合要求后　　B. 氧气浓度低于要求

C. 氧气浓度高于要求　　D. 氧气浓度将要符合浓度时

答案：A

6. 安全负责人要确保在作业过程中操作人员(　　)。

A. 不会吸入缺氧的空气　　B. 吸入缺氧的空气

C. 吸入硫化氢的气体　　D. 吸入二氧化碳超标的气体

答案：A

7. 安全带上的各种部件(　　)。

A. 不得任意拆掉　　B. 可以私自进行拆装　　C. 可以进行更换绳索　　D. 可以任意拆掉

答案：A

8. 安全带使用(　　)即应报废。

A. 1~2 年　　B. 2~3 年　　C. 3~4 年　　D. 3~5 年

答案：D

9. 安全网不可采用(　　)材料制成。

A. 塑料　　B. 锦纶　　C. 维纶　　D. 涤纶

答案：A

10. 排水管网作业环境不包括(　　)。
A. 狭小　　B. 潮湿　　C. 黑暗　　D. 明亮
答案：D

11. 在有限空间或者空气流通比较差的场所，有毒有害气体的浓度(　　)。
A. 因位置不同而有显著差别　　B. 均匀分布
C. 上面低　　D. 上面高
答案：A

12. 在有限空间或者空气流通比较差的场所进行浓度测定时，原则上要在(　　)取样点进行测定。
A. 垂直方向和水平方向　　B. 垂直方向　　C. 水平方向　　D. 任意方向
答案：A

13. 当作业场所积存有污水或淤泥较多时，要进行(　　)再测定其浓度。
A. 外部搅拌使水中的有毒有害气体扩散到空气中后
B. 外部搅拌使水中氧气扩散到空气中后
C. 通风放气后
D. 自然放气后
答案：A

14. 下列不是预防有毒有害气体中毒的有效措施的是(　　)。
A. 自然通风　　B. 佩戴适当的安全防护用品
C. 强制鼓风　　D. 直接下井作业
答案：D

15. 下井时，必须连续通风和气体检测，当气体检测仪报警时，应(　　)。
A. 进行通风　　B. 继续作业　　C. 上井并再次通风　　D. 再次重新检测气体
答案：C

16. 吸入气体含(　　)浓度降低时，血液中氧含量也会减少。
A. 氧　　B. 二氧化碳　　C. 氢气　　D. 硫化氢
答案：A

17. 安全负责人要确保在作业过程中操作人员不会吸入(　　)的空气。
A. 缺二氧化碳　　B. 含二氧化碳　　C. 含氧　　D. 缺氧
答案：D

18. 开始作业前，要对作业场所空气进行测定，确保(　　)浓度符合要求后方可作业。
A. 氮气　　B. 二氧化碳　　C. 氢气　　D. 氧气
答案：D

19. 下井作业属于特殊的(　　)，操作人员应系全身式安全带。
A. 一般作业　　B. 平行作业　　C. 低空作业　　D. 高空作业
答案：D

20. 以下不属于一般常用的隔离式防毒面具装置的是(　　)。
A. 长管呼吸器　　B. 紧急逃生呼吸器　　C. 反压式呼吸器　　D. 正压式呼吸器
答案：C

21. 根据送风设备动力源不同可分为(　　)和手动送风呼吸器。
A. 自动送风呼吸器　　B. 电动送风呼吸器　　C. 机械式送风呼吸器　　D. 人力式送风呼吸器
答案：B

22. 空气瓶每(　　)应送有资质的单位检验 1 次。
A. 1 年　　B. 2 年　　C. 3 年　　D. 4 年
答案：C

23. 排水管道作业常用的安全防护用品和设备不包括(　　)。
A. 气体检测仪　　B. 防毒面具　　C. 电脑　　D. 安全帽
答案：C

24. 进入有限空间前的气体检测以及作业过程中进入新作业面之前的气体检测，都应该使用(　　)气体检测仪。

A. 旋转式　　B. 泵吸式　　C. 扩散式　　D. 盘式

答案：B

25. 泵吸式气体检测仪内置采样泵的缺点是(　　)。

A. 影响检测结果准确性　　B. 流量不稳定　　C. 采样速度慢　　D. 耗电量大

答案：D

26. 泵吸式气体检测仪手动采样的优点是(　　)。

A. 无需电力供给　　B. 开机泵体即可工作　　C. 与采样仪一体　　D. 携带方便

答案：A

27. 使用泵吸式气体检测仪为保证检测结果准确有效，要为气体采集留有(　　)的时间。

A. 充足　　B. 无限　　C. 更多　　D. 很少

答案：A

28. 电动送风呼吸器可以同时供(　　)使用。

A. 1～2 人　　B. 1～3 人　　C. 1～4 人　　D. 1～5 人

答案：C

29. 排水管道人工清掏、井下检查等工作时常用的呼吸防护设备是(　　)。

A. 电动送风呼吸器　　B. 高压送风式长管呼吸器

C. 手动送风呼吸器　　D. 自吸式长管呼吸器

答案：A

30. 以下不属于高压送风式长管呼吸器的特点的是(　　)。

A. 设备沉重　　B. 体积大

C. 成本低　　D. 需要在有资质的机构进行气瓶充装

答案：C

31. 排水管道有限空间作业应使用(　　)安全带。

A. 全身式　　B. 半身式　　C. 潜水式　　D. 蹦极式

答案：A

32. 安全绳(含未打开的缓冲器)不应超过(　　)，不应擅自将安全绳接长使用。

A. 2m　　B. 2.5m　　C. 3m　　D. 4m

答案：A

33. 安全带应在制造商规定的期限内使用，一般不应超过(　　)。

A. 2 年　　B. 3 年　　C. 4 年　　D. 5 年

答案：D

34. 除非专门设计为多人使用，否则梯子上只允许(　　)在上面作业。

A. 1 人　　B. 2 人　　C. 3 人　　D. 4 人

答案：A

35. 折梯的上部第(　　)踏板为最高安全站立高度，应涂红色标志。

A. 1　　B. 2　　C. 3　　D. 4

答案：B

36. 以下标志属于(　　)。

右侧变窄　　左侧变窄

A. 可变信息标志　　B. 警告标志　　C. 禁令标志　　D. 指示标志

答案：B

37. 以下标志属于(　　)。

道路施工
车辆慢行

A. 可变信息标志　B. 作业区标志　C. 禁令标志　D. 指示标志

答案：B

38. 以下标志属于(　　)。

A. 可变信息标志　B. 作业区标志　C. 禁令标志　D. 指示标志

答案：C

39. 事故应急救援的特点不包括(　　)。

A. 不确定性和突发性　B. 应急活动的复杂性

C. 后果易猝变、激化和放大　D. 应急活动时间长

答案：D

40. 单位应当落实逐级消防安全责任制和(　　)。

A. 部门消防安全责任制　B. 岗位消防安全责任制

C. 个人安全责任制　D. 内部消防安全责任制

答案：B

41. 发生火灾后，以下逃生方法不正确的是(　　)。

A. 用湿毛巾捂着嘴巴和鼻子　B. 弯着身子快速跑到安全地点

C. 躲在床底下，等待消防人员救援　D. 不乘坐电梯，使用安全通道

答案：C

42. 下列导致操作人员中毒的原因中，除(　　)外，都与操作人员防护不到位相关。

A. 进入特定的空间前，未对有毒物质进行监测　B. 未佩戴有效的防护用品

C. 防护用品使用不当　D. 有毒物质的毒性高

答案：D

43. 引起慢性中毒的毒物绝大部分具有(　　)。

A. 蓄积作用　B. 强毒性　C. 弱毒性　D. 中强毒性

答案：A

44. 企业安全生产管理体制的总原则是(　　)。

A. 管生产必须管安全，谁主管谁负责

B. 由安全部门管安全，谁主管谁负责

C. 由各级安全员管安全，谁主管谁负责

D. 有关事故应急措施应经过当地安全监管部门审批

答案：A

45. 溺水救援中，(　　)是指借助某些物品(如木棍等)把落水者拉出水面的方法，适用于营救者与淹溺者的距离较近(数米之内)，同时淹溺者还清醒的情况。

A. 伸手救援　B. 藉物救援　C. 抛物救援　D. 下水救援

答案：B

46. 以下属于布条包扎法的是(　　)。

A. 环形绷带包扎法　B. 螺旋形绷带包扎法

C. 8 字形绷带包扎法　D. 以上全部正确

答案：D

47. 根据《中华人民共和国职业病防治法》的规定，建设项目在竣工验收时，其职业病防护设施应经(　　)验收合格后，方可投入正式生产和使用。

A. 建设行政部门　　B. 卫生行政部门

C. 劳动保障行政部门　　D. 安全生产监督管理部门

答案：D

48. 依据《中华人民共和国安全生产法》的规定，对未依法取得批准或者验收合格的单位擅自从事有关活动的，负责行政审批的部门发现或者接到举报后，应当立即(　　)。

A. 予以停产整顿　　B. 予以取缔　　C. 予以责令整改　　D. 予以通报批评

答案：B

49. 依据《中华人民共和国消防法》的规定，消防安全重点单位应当实行(　　)防火巡查，并建立巡查记录。

A. 每日　　B. 每周　　C. 每旬　　D. 每月

答案：A

二、多选题

1. 防汛抽排及应急抢险过程中，可能会出现(　　)。

A. 发电机及其相关设备因作业环境潮湿而引发人员触电事故

B. 基坑边缘坍塌引发坠落事故

C. 吊车吊物引发物体坠落事故

D. 排水管道断裂事故及其他事故

答案：ABCD

2. 硫化氢毒性很强，易在污水管道内及检查井内产生和聚集，(　　)就下井作业，极易造成人员中毒甚至死亡。

A. 不提前鼓风通风　　B. 不检测气体含量　　C. 不采取有效措施　　D. 通风不足

答案：ABC

3. 严格执行下井作业审批制度能够有效(　　)，并能监督职工重视安全操作，避免事故的发生。

A. 控制下井次数　　B. 规范下井流程　　C. 避免盲目操作　　D. 增加下井时长

答案：ABC

4. 有限空间作业必须配备必要的防护用具有(　　)。

A. 正压式空气呼吸器　　B. 急救箱　　C. 护目镜　　D. 安全帽

答案：ABD

5. 排水管道作业常用的安全防护用品和设备主要有：气体检测仪、安全帽、防护服、防护鞋、防护手套、防护眼镜、安全带、三脚架或安全梯、对讲机、手电、(　　)等。

A. 防毒面具　　B. 安全绳　　C. 通风机　　D. 发电机

答案：ABCD

6. 面罩总成组成包括：头罩、口鼻罩、传声器、面窗密封圈、凹形接口和(　　)等。

A. 头颈带　　B. 出气阀　　C. 吸气阀　　D. 面窗

答案：ACD

7. 面窗优点有(　　)。

A. 不失真　　B. 耐磨、耐冲击　　C. 视野大　　D. 透光性好

答案：ABCD

8. 气体检测仪由(　　)组成。

A. 探测器　　B. 报警控制器　　C. 远程查看模块　　D. wifi 模块

答案：AB

9. 排水行业常用的气体检测仪有(　　)。

A. 泵吸式　　B. 扩散式　　C. 盘式　　D. 旋转式

答案：AB

10. 排水行业常用的泵吸式和扩散式气体检测仪优点为(　　)。

A. 体积小　B. 易携带　C. 快速显示数值　D. 数据精确度高

答案：ABCD

11. 泵吸式气体检测仪机械泵采样的优点有(　　)。

A. 可实现检测仪在扩散式和泵吸式之间转换　B. 还可更换不同流量采样泵

C. 开机泵体即可工作　D. 与采样仪一体

答案：AB

12. 泵吸式气体检测仪外置采样泵手动采样的缺点有(　　)。

A. 耗电量大　B. 影响检测结果准确性　C. 流量不稳定　D. 采样速度慢

答案：BCD

13. 空气呼吸器的总成组成有(　　)。

A. 面罩　B. 供气阀　C. 气瓶

D. 减压器　E. 背托

答案：ABCDE

14. 正压式空气呼吸器供气阀的总成组成有(　　)。

A. 节气开关　B. 应急充泄阀　C. 凸形接口

D. 插板　E. 快速接头

答案：ABCD

三、简答题

1. 排水管道施工的特点是什么?

答：排水管道施工的特点是施工环境多变，流动性大，施工作业条件差，手工露天作业多，沟坑、吊装、高处、立体交叉作业多，临时占道、用电设施多，劳动组合不稳定。

2. 采样泵的分类形式及其优缺点是什么?

答：采样泵形式分为：内置采样泵和外置泵采样。

1)内置采样泵的优点：与采样仪一体，携带方便，开机泵体即可工作。缺点：耗电量大。

2)外置采样泵又可分为：手动采样和机械泵采样。

手动采样的优点：无需电力供给，可实现检测仪在扩散式和泵吸式之间转换。缺点：采样速度慢；流量不稳定，影响检测结果的准确性。

机械泵采样的优点：可实现检测仪在扩散式和泵吸式之间转换，还可更换不同流量采样泵。缺点：需电力供给。

第二节　理论知识

一、单选题

1. 自由表面上的水分子由于受到两侧分子引力不平衡，而承受的一个极其微小的拉力，称为(　　)。

A. 万有引力　B. 地表张力　C. 地面张力　D. 表面张力

答案：D

2. 恒定流与非恒定流是根据(　　)要素是否随时间变化来划分的。

A. 运动　B. 静止　C. 移动　D. 转动

答案：A

3. 从水流断面形式看，由于(　　)管的水力条件和结构性能好，在排水工程中采用最多。

A. 矩形　B. 沟形　C. 圆形　D. 梯形

答案：C

4. 由于用水量和排水量的经常性变化，排水管渠中的水流均处于非恒定流状态，特别是雨水及合流制排水管网中，受降雨的影响，水力因素随(　　)快速变化，属于显著的非恒定流。

A. 运动　　B. 时间　　C. 温度　　D. 重力

答案：B

5. 均匀流是指水体在运动过程中，其各点的运动要素沿流程(　　)的流动。

A. 不变　　B. 变化　　C. 降低　　D. 升高

答案：A

6. 水头损失因黏滞性的存在，水在流动中受到固定界面的影响(包括摩擦与限制作用)，导致断面的流速不均匀，相邻流层间产生切应力，即流动(　　)。

A. 阻力　　B. 摩擦力　　C. 限制力　　D. 切应力

答案：A

7. 水流克服阻力所消耗的机械能，称为水头损失，用符号(　　)表示。

A. R　　B. h_w　　C. h_m　　D. h_f

答案：B

8. 沿程阻力系数或谢才系数与水流(　　)有关，一般只能采用经验公式或半经验公式计算。

A. 流量　　B. 流速　　C. 流态　　D. 多少

答案：C

9. 所谓无压圆管，是指(　　)的圆形管道。

A. 非满流　　B. 满流　　C. 机械流　　D. 重力流

答案：A

10. 由一点放射的投影线所产生的投影称为(　　)投影。

A. 平行　　B. 中心　　C. 正　　D. 斜

答案：B

11. 绘制排水管道竣工图的技术要求，平面图的比例尺一般采用(　　)。

A. 1:200～1:2000　　B. 1:500～1:2000　　C. 1:500～1:5000　　D. 1:1000～1:5000

答案：B

12. 以下图中表示消声止回阀的是(　　)。

A. 　　B. 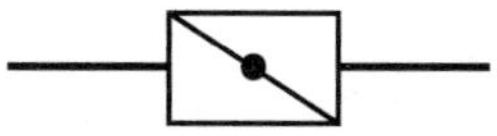　　C. 　　D.

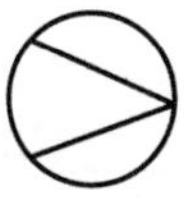

答案：A

13. 以下图中表示温度计的是(　　)。

A. 　　B. 　　C. 　　D.

答案：B

14. 以下图中表示压力表的是(　　)。

A. 　　B. 　　C. 　　D.

答案：C

15. 以下图中表示水表井的是(　　)。

A. 　　B. 　　C. 　　D.

答案：A

16. 以下图中表示自动记录压力表的是(　　)。

A.  B.  C.  D.

答案：D

17. 以下图中表示真空表的是(　　)。

A.  B. 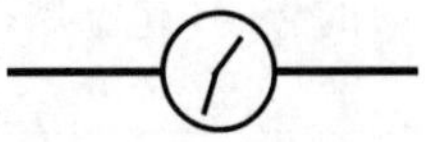 C. 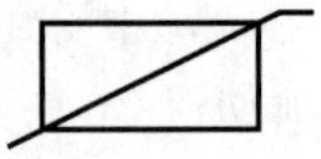 D.

答案：D

18. 以下图中表示压力控制器的是(　　)。

A.  B. 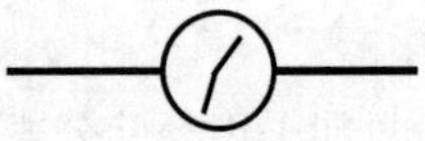 C. 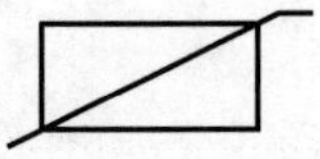 D.

答案：A

19. 以下图中表示水表的是(　　)。

A.  B. 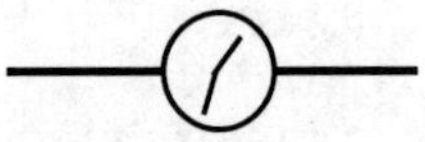 C. 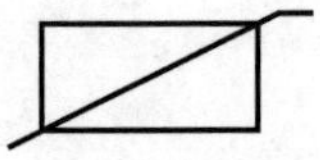 D.

答案：B

20. 以下图中表示压力传感器的是(　　)。

A. 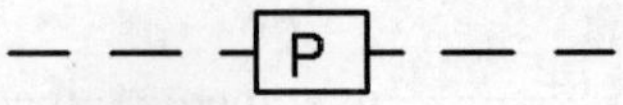 P　B. 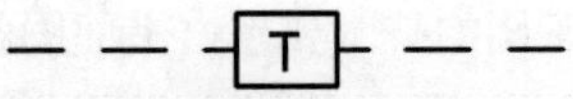 T

C. D.

答案：A

21. 以下图中表示温度传感器的是(　　)。

A. 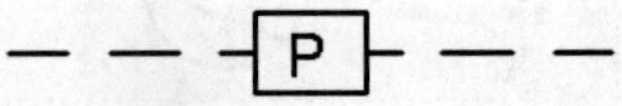 P　B. 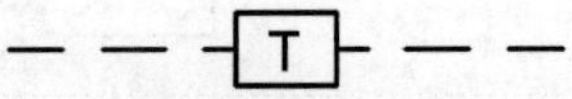 T

C. D.

答案：B

22. 以下图中表示吸水喇叭口的是(　　)。

A. 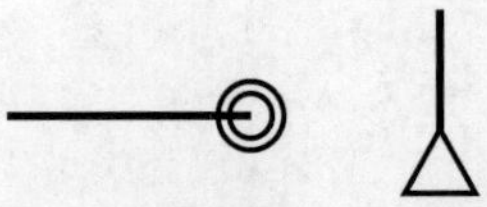 平面 系统　B. 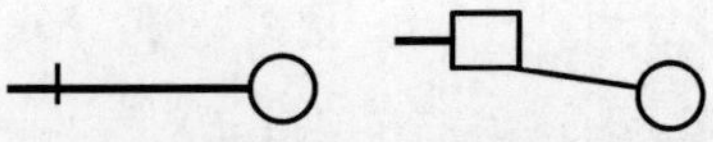 平面 系统

C. 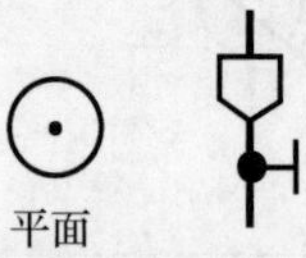 平面 系统　D.

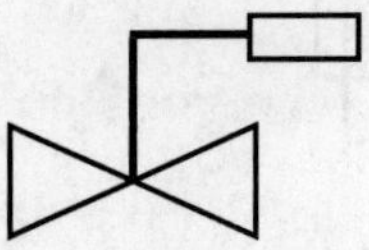

答案：A

23. 以下图中表示自动排气阀的是(　　)。

A. 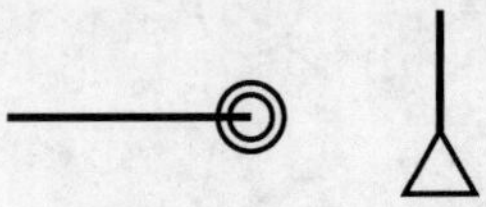 平面 系统　B. 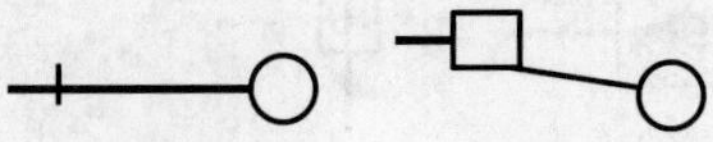 平面 系统

C. 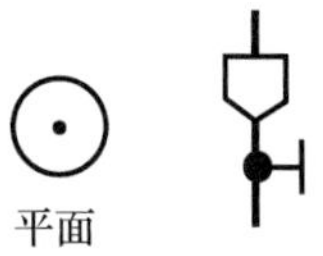 平面 系统　　　　D.

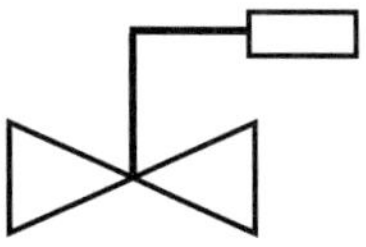

答案：C

24. 构筑物主要轮廓线使用的线条线型是(　　)。

A. 最细线　　B. 实粗线　　C. 虚粗线　　D. 点细线

答案：B

25. 处理和利用污水、污泥的一系列构筑物及附属构筑物的综合体称为(　　)。

A. 泵站　　B. 污水处理厂　　C. 污泥厂　　D. 中水厂

答案：B

26. 压送从泵站出来的污水至高地自流管道的承压管段称为(　　)。

A. 污水管道　　B. 雨水管道　　C. 压力管道　　D. 合流管道

答案：C

27. 水在使用过程中受到不同程度的污染，改变了原有的化学成分和物理性质，这些水称作(　　)。

A. 雨水　　B. 污水　　C. 污水或废水　　D. 臭水

答案：C

28. 连接管的坡度一般为(　　)。

A. 0.01　　B. 0.03　　C. 0.05　　D. 0.07

答案：A

29. 连接管的长度不宜超过(　　)。

A. 10mm　　B. 15mm　　C. 20mm　　D. 25mm

答案：D

30. 接在同一连接管上的雨水口一般不宜超过(　　)。

A. 2 个　　B. 3 个　　C. 4 个　　D. 5 个

答案：B

31. 跌水井也叫跌落井，是设有消能设施的(　　)。

A. 闸井　　B. 雨水口　　C. 检查井　　D. 雨水井

答案：C

32. 井中上下游管道相衔接处一般采取(　　)形式接头。

A. 人字　　B. 工字　　C. 丁字　　D. 一字

答案：B

33. 态势标绘指挥系统是提供基于(　　)的应急指挥调度平台。

A. GPS　　B. AIC　　C. 地理信息系统　　D. IPS

答案：C

34. (　　)是指排水设施构筑物中常见的易燃易爆和有毒有害气体，即可燃性气体、硫化氢、氧气、氨气、一氧化碳、二氧化硫、氯气、二氧化碳和总挥发性有机物等。

A. 废气　　B. 排水气体　　C. 排水设施气体　　D. 有害废气

答案：C

35. 维护作业单位必须制定(　　)、窒息等事故应急救援预案，并应按相关规定定期进行演练。

A. 死亡　　B. 中毒　　C. 缺氧　　D. 有害

答案：B

36. 采用潜水方式检查的管道，其管径不得小于(　　)。

A. 1200m　　B. 1000m　　C. 1200cm　　D. 1120m

答案：A

37. 进入管内检查宜2人同时进行，地面辅助、监护人员不应少于(　　)。

A. 4人　　B. 6人　　C. 2人　　D. 3人

答案：D

38. 检查人员自进入检查井开始，在管道内连续工作时间不得超过(　　)。当进入管道的人员遇到难以穿越的障碍时，不得强行通过，应立即停止检测。

A. 0.5h　　B. 1.5h　　C. 2h　　D. 1h

答案：D

39. 检查(　　)前，当需要抽空管道时，应先进行抗浮验算。

A. 方沟管　　B. 排水管　　C. 户线管　　D. 过河倒虹管

答案：D

40. 排水管道检测时的现场作业应符合现行行业标准《城镇排水管渠与泵站维护技术规程》(　　)的有关规定。

A. CJT 68—1999　　B. CJT 86—1999　　C. CJJ 68—2016　　D. CJT 66—1999

答案：A

41. 排水管道检测时的现场作业应符合现行行业标准《排水管道维护安全技术规程》(　　)的有关规定。

A. CJ 2—1999　　B. CJ 3—1999　　C. CJ 8—1999　　D. CJ 6—1999

答案：D

42. 管道检测工作宜与(　　)定位系统配合进行。

A. 百度　　B. 卫星　　C. 高德　　D. 地理信息系统

答案：D

43. 有限空间作业时，正常氧含量为(　　)，缺氧的密闭空间应符合GB 8958—2006的规定，短时间作业时必须采取机械通风。

A. 16%~22%　　B. 18%~22%　　C. 18%~23%　　D. 18%~24%

答案：B

44. 进入密闭空间作业结束后，准入文件或记录至少存档(　　)。

A. 6个月　　B. 1年　　C. 2年　　D. 3年

答案：B

45. 污水管道、合流污水管道和附属构筑物应保证其严密性，应进行(　　)试验，防止污水外渗和地下水入渗。

A. 闭水　　B. 放水　　C. 无水　　D. 渗水

答案：A

46. 室外排水规范规定明渠超高不得小于(　　)。

A. 0.2m　　B. 0.3m　　C. 0.4m　　D. 0.5m

答案：A

47. 雨水管与合流管无论是在街坊、厂区内或在街道下，最小管径均宜为300mm，最小设计坡度为(　　)。雨水口连接管管径不宜小于200mm，坡度不小于0.01。

A. 0.003　　B. 0.005　　C. 0.03　　D. 0.3

答案：A

48. 管道满流时最小设计流速一般不小于0.75m/s，如起始管段地形非常平坦，最小设计流速可减小到(　　)，最大允许流速同污水管道。

A. 0.2m/s　　B. 0.3m/s　　C. 0.5m/s　　D. 0.6m/s

答案：D

49. 圆形断面便于预制、抗外荷载能力强、施工养护方便，一般断面直径小于(　　)，上中游排水干管和户线均可采用圆形断面。

A. 1m　　B. 1.5m　　C. 2m　　D. 3m

答案：C

50. 排水管渠必须具有足够的(　　)，以承受外部的荷载和内部的水压，外部荷载包括土壤的重量，即静荷载以及由于车辆运行所造成的动荷载。

A. 软度　　B. 柔韧度　　C. 硬度　　D. 强度

答案：D

51. 遵守密闭空间作业安全操作规程，应正确使用密闭空间作业安全设施与(　　)防护用品。

A. 安全　　B. 个别　　C. 个人　　D. 个体

答案：D

52. 混凝土管和钢筋混凝土管管口通常有承插式、企口式和(　　)。

A. 穿插式　　B. 圆口式　　C. 平口式　　D. 低口式

答案：C

53. 人工清淤疏通时，必须严格按照有限空间作业相关安全要求执行。一般人工清淤疏通适用于管径大于(　　)的管线。

A. 200mm　　B. 800mm　　C. 1000mm　　D. 1500mm

答案：C

54. 根据管道断面高度或管径大小，按行业标准规定允许存泥深度为管径的(　　)计算。

A. 20%　　B. 40%　　C. 60%　　D. 80%

答案：A

55. 路面切割完成后，用风镐进行破碎，清理深度至井框底以下(　　)为宜(井盖规格有出入时，以新井盖的规格控制凿除深度)，将旧有井盖、井圈取出。

A. 2～3cm　　B. 5～10cm　　C. 10～20cm　　D. 20cm 以上

答案：A

56. 当排水管网发生设施运行突发事件时，应立即启动相应应急预案，其中，井盖箅子丢失、破损必须(　　)内处置完成。

A. 2～3h　　B. 4h　　C. 5h　　D. 8h 以上

答案：B

57. 真空泵吸泥车一般情况下的有效吸程为(　　)。

A. 3～5m　　B. 5m　　C. 6～7m　　D. 8m

答案：C

58. (　　)检测的内容包括降雨量和降雨强度。

A. 雨强　　B. 雨量　　C. 降雨区间　　D. 降雨时间

答案：B

59. 雨量测量主要采用(　　)雨量计。

A. 漏斗式　　B. 翻斗式　　C. 沙漏式　　D. 倒吸式

答案：B

60. (　　)包括封闭管道和明渠两类。

A. 测量对象　　B. 测量设备　　C. 测量种类　　D. 测量方法

答案：A

61. 汛前应组织泵站运行、水厂运行、应急抢险、设备抢修、系统操作及汛期宣传等各方面培训、演练，各项不少于(　　)次。

A. 3　　B. 5　　C. 7　　D. 9

答案：C

62. 汛前应组织泵站运行、水厂运行、应急抢险、设备抢修、系统操作及汛期宣传等各方面培训、演练，抢险单元演练不少于(　　)次。

A. 3　　B. 5　　C. 7　　D. 9

答案：B

63. (　　)是发现病害、制订维修方案、做好管道养护维修计划的前提和必要条件。

A. 排水管道检查　B. 排水管道监测　C. 排水管道检测　D. 排水管道修复

答案：C

64. 根据检测(　　)不同，排水设施检测分为功能性检测和结构性检测。

A. 对象　B. 分类　C. 目的　D. 内容

答案：C

65. (　　)是采用声波反射技术对管道及其他设施内的水中物体进行探测和定位，并能够提供准确的量化数据，从而检测和鉴定管道的破损情况。

A. 管道声波检测　B. 管道声呐检测　C. 管道声音检测　D. 管道粗糙度

答案：B

66. 紫外线加热固化具有固化时间短、节约能源的优点，但同时也有穿透能力弱、安全性差等缺点，目前适用于(　　)以下管道。

A. 500mm　B. 600mm　C. 700mm　D. 800mm

答案：B

67. 如流槽破损面较小时，修复时需凿除周边(　　)的范围砂浆层以保证修复面与原砂浆面有效衔接，并对光面进行凿毛处理。

A. 0. 2m　B. 0. 3m　C. 0. 4m　D. 0. 5m

答案：A

68. 腐蚀作用是指污水中各种有机物经(　　)分解在产酸细菌作用下(即酸性发酵阶段)，有机酸大量产生，污水呈酸性。

A. 氧气　B. 甲烷　C. 微生物　D. 一氧化碳

答案：C

69. 按水力清淤疏通原理，管道的水力条件应满足水量充足，一般情况下，管径(　　)的管道断面，具有较好的冲洗效果。

A. 0 ~ 800mm　B. 0 ~ 1000mm　C. 200 ~ 1000mm　D. 200 ~ 1200mm

答案：D

70. 稳管边线法是指在管道边缘外侧挂线，边线高度与管中心高度一致，其位置距管壁外皮(　　)为宜。

A. 10mm　B. 15mm　C. 20mm　D. 25mm

答案：A

71. 树脂喷涂固化修复在喷涂前，应对所喷涂表面进行烘干，基底干燥度检测合格后，方可涂刷或喷涂底涂料。基底修复条件要求温度高于(　　)，表面干燥。

A. 12℃　B. 20℃　C. 24℃　D. 30℃

答案：C

72. 树脂喷涂固化修复在喷涂前，首先要做表面砂浆找平处理，找平层厚度不大于(　　)。

A . 1cm　B. 2cm　C. 3cm　D. 5cm

答案：B

73. 砂浆涂层修复是指将墙体表面清理干净后，用高压水车冲洗干净，根据腐蚀程度进行抹面。抹面厚度可以控制在(　　)，腐蚀程度十分严重时，可喷涂环氧树脂作为最外壁涂层，形成有效的抗腐蚀表面。

A. 0. 4 ~ 2cm　B. 0. 6 ~ 2. 4cm　C. 0. 8 ~ 2. 5cm　D. 1 ~ 3cm

答案：B

74. (　　)雨水支管是指改变原雨水支管位置、长度、管径、埋深、坡度等。

A. 整修　B. 翻修　C. 改建　D. 新建

答案：C

75. (　　)雨水口的内容包括井座错位、移动、损坏，箅子损坏短缺，井壁底砖块和水泥抹面腐蚀、松动、脱落，雨水口被淹埋堵塞等。

A. 更换　B. 升降　C. 整修　D. 翻修

答案：C

76. 施工现场安全措施中，新进材料应码放整齐、牢固，堆置有序，码放高度小于(　　)，搬运时注意要轻拿轻放，不碰手砸脚。

A. 0. 8m　　B. 1m　　C. 1. 2m　　D. 1. 5m

答案：C

77. (　　)是城市地下水系统的重要组成部分。

A. 自来水　　B. 排水　　C. 城市排水管网　　D. 出水

答案：C

78. (　　)为城市安全稳定运行发挥着非常大的作用。

A. 乡镇排水管网　　B. 城市排水管网　　C. 自来水系统　　D. 下水系统

答案：B

79. 城市排水管网主要作用是维护城市(　　)的正常排放。

A. 干净水　　B. 自来水　　C. 地下水　　D. 污水

答案：C

80. 排水管道和(　　)考虑到功能和美观，都隐藏在地下。

A. 架空线　　B. 排水设备　　C. 自来水表　　D. 检查井

答案：B

81. 通过业务功能建立可全面推动管网管理信息化平台建设及应用，建立规范化和(　　)的管网设施数据全生命周期管理体系。

A. 标准化　　B. 职业化　　C. 特殊化　　D. 精细化

答案：A

82. 养护生产调度，包括(　　)、管网运行管理、管网养护生产计划制定，养护实施过程管控，结果反馈，养护数据的分析，实现养护生产实施“全过程”管理。

A. 设备管理　　B. 日常设施管理　　C. 人员管理　　D. 作业管理

答案：B

83. 在城市排水日常管理中，通过建立基于(　　)的“智慧”排水管理系统，构建全业务支撑体系，是实现排水巡查、检测、运行养护、防汛精细化管理的必要手段。

A. AIS　　B. GIS　　C. GSS　　D. GSI

答案：B

84. 通过业务功能建立可提高统一数据管理能力，深化管网管理的数据服务中心，成为支撑排水管网主干业务的(　　)。

A. 方法　　B. 枝干　　C. 调度中心　　D. 流域化

答案：D

85. 通过数据采集，数据整合接入(气象、水文、交通、城管等部门)建立(　　)、监测数据库、基础地形数据库、管线设施数据库、案例数据库、专题数据库。

A. 气象数据库　　B. 汛情数据库　　C. 水文数据库　　D. 交通数据库

答案：B

86. 地理信息系统是一种特定的(　　)的空间信息系统。

A. 不重要　　B. 重要　　C. 十分重要　　D. 无需关注

答案：C

87. 地理信息系统在(　　)问题中使用了空间数据与属性数据。

A. 处理　　B. 分析处理　　C. 分析模拟　　D. 分析汇总

答案：B

88. 城市排水管网地理信息系统建设遵循整体规划、分步实施、循序渐进、(　　)的原则。

A. 预先规划　　B. 计划实施　　C. 过程监控　　D. 逐步提升

答案：D

89. 地理信息系统在分析和处理问题中都使用空间数据和属性数据，并通过(　　)管理系统将两者联系在一起共同管理、分析和应用。

A. 数据侧　　B. 数据集　　C. 数据库　　D. 代码集

答案：C

90. 地理信息系统的成功应用依赖于(　　)模型的研究与设计。

A. 时间分析　　B. 空间分析　　C. 时空分析　　D. 时间或空间分析

答案：B

91. 地理信息系统通过对空间数据的拓扑、空间状况的运算、(　　)以及空间数据与属性数据的联合运算实现各种空间功能。

A. 空间数据运算　　B. 属性数据运算　　C. 时间数据运算　　D. 分辨率

答案：B

92. 地理信息系统对空间数据的分析包括叠加分析、缓冲区分析、(　　)、空间集合分析和地学分析等。

A. 代码解析　　B. 拓扑空间查询　　C. 时间查询　　D. 定位

答案：B

93. 拓扑空间排水管道的起点和终点为(　　)。

A. 检查井位置　　B. 定点　　C. 检查井数据　　D. 无要求

答案：C

94. 拓扑空间流域范围面数据所覆盖的(　　)内，必须存在相应的检查井和排水管道。

A. 时间范围　　B. 界限范围　　C. 空间范围　　D. 地理信息系统

答案：C

95. 空间集合分析是以叠加分析运算与(　　)运算为基础，按照空间数据组合条件来检索，查询相应的属性数据或图形数据。

A. 拉尔逻辑　　B. 霍尔逻辑　　C. 布尔逻辑　　D. 尼尔逻辑

答案：C

96. 空间集合分析实际上就是在叠加分析的基础上，按照给定的条件进行(　　)、逻辑并运算或者逻辑差运算。

A. 逻辑叉运算　　B. 多重逻辑运算　　C. 逻辑交运算　　D. 精准计算

答案：C

97. 地学分析是用来描述地理系统中各地理要素之间的相互关系和客观规律信息的方法，包括(　　)分析、地形分析和地学专题分析三个方面。

A. 数字模拟模型　　B. 数字高程模型　　C. 网络模型　　D. 其他模型

答案：B

98. 地学分析利用数字高程模型，可以实现(　　)的自动化分，为管网的流域划分提供依据。

A. 下水区域　　B. 排水区域　　C. 自然汇水流域　　D. 进水区域

答案：C

99. 管网运行养护管理系统包括设施管理、(　　)、养护管理等功能，实现排水设施全生命周期管理。

A. 监控采集　　B. 运行监控　　C. 数据收集　　D. 分析报表

答案：B

100. 管网设施是城市安全运行的重要(　　)之一。

A. 措施　　B. 公共设施　　C. 交通设施　　D. 保障设施

答案：B

101. 态势标绘应急指挥系统实现了对(　　)、备勤布控方案等信息的管理。

A. 车辆位置　　B. 车辆人员　　C. 车辆单元信息　　D. 车辆行动

答案：C

二、多选题

1. (　　)属于势能，它们的和称为测压管水头。

A. 位置水头　　B. 压力水头　　C. 流速水头　　D. 流量水头

答案：AB

2. 当水流固定边界发生突然变化，引起(　　)发生变化，从而集中发生在较短范围的阻力称为局部阻力。

A. 流速分布　　B. 方向　　C. 水头损失　　D. 局部

答案：AB

3. 从产生的原理可以看出，水头损失的大小与管渠过水断面的(　　)有关。

A. 几何尺寸　　B. 水流阻力　　C. 表面接触　　D. 管渠内壁的粗糙度

答案：AD

4. 图样的尺寸应由(　　)组成。

A. 尺寸界线　　B. 尺寸线　　C. 尺寸起止符号　　D. 尺寸数字

答案：ABCD

5. 尺寸线的方向包括(　　)。

A. 水平　　B. 竖直　　C. 倾斜　　D. 前方

答案：ABC

6. 水流运动的基本概念包含(　　)。

A. 水的流态　　B. 压力流与重力流　　C. 恒定流与非恒定流

D. 均匀流与非均匀流　　E. 水流的水头与水头损失

答案：ABCDE

7. 水的主要力学性质包含(　　)。

A. 水的密度　　B. 水的流动性　　C. 水的黏滞性与黏滞系数

D. 水的压缩性与压缩系数　　E. 水的表面张力

答案：ABCDE

8. 由于用水量和排水量的经常性变化，排水管渠中的水流均处于非恒定流状态，特别是雨水及合流制排水管网中，受降雨的影响，水力因素不随(　　)快速变化，属于显著的非恒定流。

A. 运动　　B. 时间　　C. 温度　　D. 重力

答案：ACD

9. 陶土排水管道类型有(　　)。

A. 圆形陶土管　　B. 五角形陶土管　　C. 方形陶土管　　D. 三角形陶土管

答案：AB

10. 排入水体的排水口，有多种形式，常见的有(　　)。

A. 一字式　　B. 八字式　　C. 门字式　　D. 人字式

答案：ABC

11. 排河口形式有(　　)。

A. 淹没式　　B. 非淹没式　　C. 1/2 淹没式　　D. 1/3 淹没式

答案：AB

12. 排河口可用(　　)砌筑。

A. 砖砌　　B. 石砌　　C. 混凝土　　D. 木材

答案：ABC

13. 雨水管道的布置形式有(　　)。

A. 正交布置　　B. 分散布置　　C. 反面布置　　D. 反交布置

答案：AB

14. 排水管线的管径分级可分为(　　)。

A. 小型管　　B. 中型管　　C. 大型管　　D. 特大型管

答案：ABCD

15. 排水管线以排水功能级别标准分级，通过对辖区内排水管网的运行状况进行系统性的梳理，掌握其具体的运行脉络，并根据设施承载的排水功能将管道划分为(　　)。

A. 户线　B. 支线　C. 次干线　D. 干线

答案：ABCD

16. 混凝土管和钢筋混凝土管的管口形式通常有(　　)。

A. 承插式　B. 企口式　C. 平口式　D. 低口式

答案：ABC

17. 维护作业单位必须制订(　　)等事故应急救援预案，并应按相关规定定期进行演练。

A. 死亡　B. 中毒　C. 缺氧　D. 窒息

答案：BD

18. 汛前要进行(　　)等相关的养护及维修。

A. 管线检查及养护　B. 泵站设备设施维护

C. 雨水口清掏　D. 排河口及机闸维护

E. 防汛设备检修及保养

答案：ABCDE

19. 沟槽断面一般的基本沟槽断面形式有(　　)。

A. 直槽　B. 大开槽　C. 多层槽　D. 竖槽

答案：ABC

20. 推理式流量测量计主要包括(　　)。

A. 差压式流量计　B. 堰式流量计　C. 电磁式流量计　D. 流体振荡型流量计

答案：ACD

21. 城市安全度汛的汛后总结工作包括(　　)。

A. 主要包括对城市防洪排涝工程、专项作业设备等进行再检查和汛后整修及保养维护

B. 对城市防汛工作进行经验总结和教训分析

C. 对汛中抢险工程再加固

D. 若采用分洪等紧急措施，则应作好善后工作

答案：ABCD

22. 城市排水管网系统具有(　　)等特点，这对城市排水管道的日常管理维护提出了很大的挑战。

A. 结构复杂　B. 规模大　C. 覆盖范围广　D. 管道数量多

答案：ABCD

23. 城市排水管网地理信息系统建设遵循(　　)的原则。

A. 整体规划　B. 分步实施　C. 循序渐进　D. 逐步提升

答案：ABCD

24. 地理信息系统通过对空间数据的拓扑、空间状况的运算、属性数据运算以及空间数据与属性数据的联合运算实现各种空间功能，包括(　　)和地学分析等。

A. 叠加分析　B. 缓冲区分析　C. 拓扑空间查询　D. 空间集合分析

答案：ABCD

25. 通过业务功能建立可全面推动管网管理信息化平台建设及应用，建立(　　)的管网设施数据全生命周期管理体系。

A. 标准化　B. 规范化　C. 特殊化　D. 精细化

答案：AB

26. 通过业务功能建立可提高统一数据管理能力，深化管网管理的(　　)，成为支撑排水管网主干业务的(　　)。

A. 方法　B. 支干　C. 数据服务中心　D. 流域化

答案：CD

27. 跌水井分为内跌和(　　)。

A. 垂直跌　　B. 内跌　　C. 混合跌　　D. 外跌

答案：BD

28. 城市排水管网系统具有(　　)等特点。

A. 规模大　　B. 覆盖范围广　　C. 结构复杂　　D. 管道数量多

答案：ABCD

三、简答题

1. 简述水的表面张力定义。

答：自由表面上的水分子由于受到两侧分子引力不平衡而承受的一个极其微小的拉力，称为水的表面张力。

2. 排水管线以排水功能级别标准分级是指什么？

答：通过对辖区内排水管网的运行状况进行系统性的梳理，掌握其具体的运行脉络，并根据设施承载的排水功能将管道划分为户线—支线—次干线—干线(按上下游关系排列)四个功能级别。

3. 城市防汛排涝措施隐患排查及治理包括哪些？

答：汛前应对防汛重点部位排水设施、风险隐患点和历史积水点、桥区泵站收退水设施、雨水及排涝泵站、防汛抽排及应急抢险设备等情况进行深入细致的排查，发现问题及时处理。

4. 简述地理信息系统技术概述。

答：地理信息系统(Geographic Information System 或 Geo－Information System，GIS)是一种特定的十分重要的空间信息系统。它是在计算机硬、软件系统支持下，对有关地理分布数据进行采集、储存、管理、运算、分析、显示和描述的技术系统。它是以地理数据库为基础，采用地理模型分析方法，适时提供多种空间动态的地理信息，用于管理和决策过程的计算机技术系统，是计算机科学迅速发展的产物。

5. 简述高压射流车疏通操作方法。

答：高压喷头头部和尾部设有射水喷嘴(一般6～8个)，高压水流由喷嘴射出，在管道内产生与喷头前进方向相反的强力水柱，借助所产生的反作用力，带动喷头与胶管向前推进。当水泵压力达到6MPa时，喷头前进推力可达190～200N，喷出的水柱使管道内沉积物松动，成为可移动的悬浮物质流向下游检查井或沉泥井。当喷头到达上游管口时，应减少射水压力，卷管器自动将胶管抽回，同时边卷管边射水，将残存的沉淀物全部冲刷到检查井或沉泥井内；一般情况下，高压射流车作业应从管道起始端开始，逐个检查井向下进行疏通，当管道处于完全阻塞状态时，应从管道最末端开始，逐个检查井向上进行疏通，并应根据管道的结构状况、管径大小、淤塞状况、沉积物特点等因素选用适当的喷头，合理使用射水压力。

四、计算题

某条管径为1000mm的管线，1年内几次观测泥深记录如下：上次疏通日期为1987年3月21日。1987年5月20日观测泥深为22mm；1987年6月25日观测泥深为31mm；1987年8月23日观测泥深为50mm；1987年10月19日观测泥深为76mm，求平均月泥深、允许泥深、养护周期月数？

解：已知：相隔月数3月至10月为7个月，总泥深为76mm

则：$平均月泥深=\dfrac{相应泥深}{相隔月数}=\dfrac{76}{7}\approx 10.86\text{mm/月}$

已知：如允许泥深定为管径的20%

则：允许泥深＝1000×0.2＝200mm

$周期月数=\dfrac{允许泥深}{平均月泥深}=\dfrac{200}{10.86}\approx 18.4\ 月$

第三节　操作知识

一、单选题

1. 耳塞和耳罩可插入外耳道内或插在外耳道的入口，适用于(　　)以下的噪声环境。

A. 114dB　　B. 115dB　　C. 116dB　　D. 117dB

答案：B

2. 耳罩外形类似耳机，装在弓架上把耳部罩住使噪声衰减，耳罩的噪声衰减量可达(　　)，适用于噪声较高的环境。

A. 5 ~ 40dB　　B. 10 ~ 40dB　　C. 15 ~ 40dB　　D. 20 ~ 40dB

答案：B

3. 护目镜都采用一般平光玻璃镜片制作，可分为眼罩式、(　　)。

A. 眼眶式　　B. 平光式　　C. 平镜式　　D. 弧镜式

答案：C

4. 耳塞和耳罩可单独使用，也可结合使用，结合使用可使噪声衰减量比单独使用提高(　　)。

A. 5 ~ 15dB　　B. 10 ~ 15dB　　C. 15 ~ 15dB　　D. 20 ~ 15dB

答案：A

5. 耳塞使用时拉起上耳角，将耳塞的(　　)塞入耳道中。

A. 1/3　　B. 2/3　　C. 1/4　　D. 3/4

答案：B

6. 帽壳与帽衬可用冷水、低于(　　)的温水洗涤，不可放在暖气片上烘烤，以防帽壳变形。

A. 40℃　　B. 42℃　　C. 50℃　　D. 55℃

答案：C

7. 耳塞使用时按住耳塞约(　　)，直至耳塞膨胀并堵住耳道。

A. 10s　　B. 15s　　C. 20s　　D. 30s

答案：C

8. 以下气体检测仪读数不稳的处理方法错误的是(　　)。

A. 开机等待　　B. 返厂维修

C. 检查探头接地是否良好　　D. 随便读取数据

答案：D

9. 紧急逃生呼吸器又称为(　　)。

A. 自救式呼吸器　　B. 氧气瓶式呼吸器　　C. 封闭式呼吸器　　D. 半封闭式呼吸器

答案：A

10. 打开气瓶阀，旋转至少(　　)周。

A. 1　　B. 2　　C. 3　　D. 4

答案：B

11. 根据结构形式，气体检测仪可分为泵吸式、(　　)两种，根据不同应用场合进行选用或两者配合使用，最大程度保证作业人员安全。

A. 便捷式　　B. 泵发式　　C. 扩散式　　D. 扩发式

答案：C

12. 安装供气阀，将供气阀上的红色充泄阀旋钮放在(　　)点钟的位置，确认其与面罩接口吻合后。顺时针旋转(　　)，将供气阀上的插板划入面罩上的卡扣中锁紧供气阀，并伴有“咔哒”声。

A. 11，120°　　B. 11，90°　　C. 12，120°　　D. 12，90°

答案：D

13. 储气瓶的余气报警压力为(　　)时，储气量可供人体呼吸使用大约5~8min。

A. 4MPa　　B. 5MPa　　C. 6MPa　　D. 7MPa

答案：B

14. 不同的紧急逃生呼吸器的供气时间不同，一般在(　　)左右。

A. 5min　　B. 10min　　C. 15min　　D. 20min

答案：C

15. 空气呼吸器消毒可以使用(　　)酒精，甲醇或乙丙醇。

A. 50%　　B. 60%　　C. 70%　　D. 80%

答案：C

16. 城市道路铺设时待水泥砂浆凝固后(　　)方可平铺热沥青。

A. 20min　　B. 30min　　C. 40min　　D. 50min

答案：B

17. 路面切割完成后，用风镐进行破碎，清理深度至模口底以下(　　)为宜(雨水箅子规格有出入时，以新雨水箅子的规格控制凿除深度)，将旧有雨水箅子、模口取出。

A. 1~2cm　　B. 2~3cm　　C. 3~4cm　　D. 4~5cm

答案：B

18. 采用预制雨水口时，当槽底为松软土质，应换填石灰土后夯实，并应据预制雨水口底厚度，校核高程，宜低(　　)铺砂垫层。

A. 10~20mm　　B. 20~30mm　　C. 30~40mm　　D. 40~50mm

答案：B

19. 在基础上放出雨水口侧墙位置线并安放雨水管。管端面露于雨水口内，其露出长度不得大于(　　)，管端面应完整无破损。

A. 2cm　　B. 4cm　　C. 6cm　　D. 8cm

答案：B

20. 砌筑圆井应随时掌握直径尺寸，进行收口时，四面收口的每层砖不应超过(　　)。

A. 2cm　　B. 3cm　　C. 4cm　　D. 5cm

答案：B

21. 砌筑圆井应随时掌握直径尺寸，进行收口时，三面收口的每层砖不应超过(　　)。

A. 1~2cm　　B. 2~3cm　　C. 3~4cm　　D. 4~5cm

答案：D

22. 铺设路面时，如沥青厚度超出(　　)时，分层铺设沥青，每层沥青使用平板夯实，如此反复，直至铺设沥青与旧路面高度基本一致。

A. 10cm　　B. 20cm　　C. 30cm　　D. 40cm

答案：A

23. 开户取力器一般为踩下离合器，(　　)，手动开启取力器装置。

A. 挂高挡　　B. 挂低挡　　C. 不挂挡　　D. 挂低挡或高挡

答案：A

24. 将吸污胶管尽可能深地插入污泥中，保证管端在作业过程上始终距液面(　　)以下。

A. 200mm　　B. 300mm　　C. 400mm　　D. 500mm

答案：B

25. 以下有关吸污车抽排的描述错误的是(　　)。

A. 将车辆行驶到指定地点后，松开手刹，使车辆底盘固定

B. 通过车辆右侧操作盘处的调速阀(外接油门)将发动机的转速调节到吸引作业时所需要的转速

C. 关闭回收罐后方的吸引阀

D. 吸污车在抽取时，是依靠车辆底盘上附带的真空泵进行抽吸

答案：B

26. 人力掏挖配合地下有限空间作业时，现场监护人员为(　　)。

A. 1 名　　B. 2 名　　C. 3 名　　D. 4 名

答案：B

27. 人力掏挖配合地下有限空间作业时，进入有限空间内人员为(　　)。

A. 1 名　　B. 2 名　　C. 3 名　　D. 1 ~ 2 名

答案：D

28. 人力绞车疏通操作时，设置辅操人员(　　)。

A. 1 名　　B. 2 名　　C. 3 名　　D. 4 名

答案：A

29. 人力绞车疏通操作时，设置清掏人员(　　)。

A. 1 名　　B. 2 名　　C. 3 名　　D. 4 名

答案：B

30. 气体检测原则是(　　)。

A. 边检测，边作业　　B. 先检测，后作业，作业过程中持续检测

C. 先检测，后作业，作业过程中不需要检测　　D. 作业前无需检测

答案：B

31. 进入管道内作业时，还应在检查井内设置(　　)联络看护人员。

A. 1 名　　B. 2 名　　C. 3 名　　D. 4 名

答案：A

32. 发动机停机操作时，将开关置于“(　　)”位置。

A. 开　　B. 关　　C. 半开　　D. 半关

答案：B

33. 发动机停机操作时，将燃油开关置于“(　　)”位置并与止动钮接触。

A. 关　　B. 开　　C. 半开　　D. 半关

答案：A

34. 金属吸管扶手须安装在吸管(　　)，供人手扶吸管的工具。

A. 两端　　B. 末端　　C. 前端　　D. 中间

答案：B

35. 拦蓄自冲洗操作，选择适合的检查井安装机械拦蓄盾拦截上游来水，拦蓄盾高度约为管径(　　)，预留溢流口，防止上游管道发生倒灌。

A. 50% ~ 60%　　B. 60% ~ 70%　　C. 70% ~ 80%　　D. 80% ~ 90%

答案：C

36. 拦蓄自冲洗操作，通过液位或设置蓄水时间两种模式，实现拦蓄盾(　　)开启功能，达到频繁自动冲洗的效果。

A. 手动　　B. 自动　　C. 手动和自动　　D. 手动或自动

答案：B

37. 爬行器行进速度控制，管径小于等于(　　)时，直向摄影的行进速度不宜超过 0.1m/s。

A. 50mm　　C. 100mm　　B. 200mm　　D. 800mm

答案：C

38. 线状缺陷通常是指纵向延伸长度大于(　　)，且边界清晰而又呈线状的缺陷，常见如裂纹。

A. 0.5m　　B. 1m　　C. 2m　　D. 3m

答案：A

39. 用石棉水泥、沥青麻丝将接口底部嵌实封堵，厚度(　　)。

A. 3 ~ 5cm　　B. 3 ~ 9cm　　C. 3 ~ 15cm　　D. 5 ~ 10cm

答案：A

40. 为控制施工质量，管材的长度应符合工程要求，管长允许偏差(　　)。

A. 0～2%　　B. 0～3%　　C. 0～4%　　D. 1%～2%

答案：A

41. 立体状的缺陷一般是指管道内的堆积物，包括淤积、(　　)等。

A. 洼水　　B. 障碍物　　C. 水　　D. 油垢

答案：B

42. 将底批干粉加水(注: 水: 粉≈1:4)用专用电动搅拌工具不断搅拌成厚糊状，用泥板满批在打毛处表面，宽度以接口为中心两侧各(　　)，厚度不少于 2mm，底批干硬时间约 5～6h，干粉用量约 2.5kg/m^2。

A. 30cm　　B. 40cm　　C. 50cm　　D. 60cm

答案：A

43. 面批施工前在已干硬的底批上铺一层拉力不低于 1600N、宽度 (　　)的中碱涂塑玻璃纤维网格布。

A. 50cm　　B. 58cm　　C. 60cm　　D. 70cm

答案：B

44. 涂层法整修操作一般规定：排水管道内喷涂修复工程的设计应以原有管道(　　)与评估报告为基础。

A. 检测　　B. 运行情况　　C. 局点病害　　D. 结构形式

答案：A

45. 乳胶漆施工温度应在(　　)以上，材料贮存期应不超过 6 个月。

A. 10℃　　B. 8℃　　C. 6℃　　D. 5℃

答案：D

46. 电视检测应尽量不带水作业，当现场条件不能满足时，应当采取降低水位措施，使管通内水位不大于管径的(　　)，以便被拍摄对象尽量暴露，保证检测画面能较完整地展现管道内部情况，使检测结果真实可靠。

A. 15%　　B. 20%　　C. 30%　　D. 40%

答案：B

47. 纵向注浆孔在管缝两侧(　　)处。

A. 20cm　　B. 30cm　　C. 40cm　　D. 50cm

答案：C

48. 涂层法整修操作一般规定：喷涂设备应由专业技术人员管理和操作，机械喷涂作业人员应接受过岗位技能教育及(　　)。

A. 技术培训　　B. 岗前考核　　C. 安全培训　　D. 操作办法

答案：C

49. 树脂和辅料的合理配比为(　　)。

A. 2∶1　　B. 3∶2　　C. 4∶1　　D. 5∶1

答案：A

50. 根据修复管道情况，在防水密闭的房间或施工车辆上现场剪裁一定尺寸的玻璃纤维毡布，剪裁长度约为气囊直径的(　　)倍，以保证毡布在气囊上部分重叠。

A. 4.5　　B. 3.5　　C. 2.5　　D. 1.3

答案：B

51. 毡布的剪裁宽度应使其前后均超出管道缺陷(　　)以上，以保证毡布能与母管紧贴。

A. 20cm　　B. 15cm　　C. 13cm　　D. 10cm

答案：D

52. 喷涂的水泥砂浆达到终凝后，应立即进行保湿养护，保持涂层湿润状态时间应在(　　)以上。

A. 5d　　B. 6d　　C. 7d　　D. 8d

答案：C

53. 聚合物水泥砂浆施工环境宜为 10～30℃，当低于 5℃时，应采取加热保温措施，不宜在大风天气、雨天或阳光直射的高温环境下施工，不应在养护期小于(　　)的砂浆面和混凝土基层上施工。

A. 6d　　B. 5d　　C. 4d　　D. 3d

答案：D

54. 涂层法整修操作一般规定：当管堵采用充气管塞时，应随时检查管堵的气压，当管堵气压降低时应及时(　　)。

A. 充气　　B. 拆堵　　C. 更换　　D. 清堵

答案：A

55. 在冬季，当日平均温度低于5℃或最低温度低于－3℃的条件下注浆时，应在施工现场采取适当措施，以保证不使浆体冻结。在夏季炎热条件下注浆时，用水温度不得超过（　　），并应避免将盛浆桶和注浆管路在注浆体静止状态暴露于阳光下，以免加速浆体凝固。

A. 50℃　　B. 40℃　　C. 35℃　　D. 30℃

答案：C

56. 内衬新管取样试验应符合下列要求：采样数量以每一个工程取一组试块，每组3块。单位工程量小于(　　)时，根据委托方的要求进行。

A. 300m　　B. 200m　　C. 150m　　D. 100m

答案：B

57. 当螺旋缠绕管不能完全独立承压，需要通过灌浆形成复合管来承压时，水泥浆必须满足以下的要求：不易散开；同衬管和旧管之间有很好的黏结强度；固化后的收缩性很小；较小的隔水性；高抗压强度，7天至少达到20MPa，28天至少达到(　　)。

A. 20MPa　　B. 30MPa　　C. 40MPa　　D. 50MPa

答案：C

58. 当螺旋缠绕管不能完全独立承压，需要通过灌浆形成复合管来承压时，水泥浆必须满足以下的要求：不易散开；同衬管和旧管之间有很好的黏结强度；固化后的收缩性很小；较小的隔水性；高抗压强度，7天至少达到(　　)，28天至少达到40MPa。

A. 10MPa　　B. 20MPa　　C. 30MPa　　D. 50MPa

答案：B

59. 注浆应根据设计的配比分批分段进行，管径600mm以上的每（　　）有个注浆口。

A. 5m　　B. 10m　　C. 15m　　D. 20m

答案：B

60. 管道修复的热熔焊接技术，要求管道内衬管到井内壁(不超过内壁)段，寻找衬环刚度和管道相当的管道，将管道两端与内衬管焊接，然后再在井筒处开口，插入(　　)井筒焊接。

A. 500mm　　B. 600mm　　C. 700mm　　D. 800mm

答案：D

61. (　　)为永久和临时水准点间距的表示符号。

A. H　　B. k　　C. W　　D. e

答案：B

62. 闭合法校核时，闭合差不得大于(　　)。

A. ±52mm　　B. ±27mm　　C. ±14mm　　D. ±12mm

答案：D

63. 附属构筑物中心位置的(　　)，在沟槽开挖后不再存在。

A. 标准　　B. 标志　　C. 标注　　D. 标线

答案：B

64. 在市区道路中开挖(　　)时，首先将进行路面的破碎和翻挖。

A. 沟槽　　B. 管沟　　C. 水沟　　D. 管道

答案：A

65. 下列不属于钢筋安装绑扎的是(　　)。

A. 钢筋先在外加工好，径级大于12mm的钢筋长度不能太长，约3m左右，否则难以通过检查井运入洞内

B. 用1:2的水泥砂浆在内壁面进行压光、浆面；抹面时务必要做到平整、光滑，洒水养护工作可以在砼凝结后进行，14天为适宜的养护时间

C. 利用洞壁锚筋焊接架立钢筋，然后进行环向、纵向钢筋绑扎与焊接

D. 安装固定好变形缝的止水带

答案：B

66. 沉管法使用管材较多的是(　　)，但需作内外防腐处理，也有用铸铁管或混凝土管。

A. 水泥管　　B. 聚乙烯塑料管　　C. 钢管　　D. 铁管

答案：C

67. 抹头遍水泥砂浆厚度为(　　)，然后铺设两层钢丝网包拢，待头遍砂浆初凝后再抹两遍砂浆并与边模板齐平压光。

A. 10mm　　B. 15mm　　C. 16mm　　D. 20mm

答案：B

68. 砂面以上用砾石砂层与原土层轮替回填，即土层厚(　　)、砾石砂层厚10cm，分层平整，分层夯实。

A. 15cm　　B. 20cm　　C. 35cm　　D. 50cm

答案：B

69. 根据施工经验，采用人工挖土，管上半部管壁与土壁有间隙时，千斤顶的着力点作用在垂直直径的(　　)为宜。

A. 1/3～1/2　　B. 1/5～1/4　　C. 1/8～1/5　　D. 1/9～1/7

答案：B

70. 竖井工作坑施工前必须完成降水，管井深度(　　)，泵站段计划布设4口降水井。

A. 20m　　B. 30m　　C. 40m　　D. 50m

答案：A

71. 工作坑的开挖采用人工开挖配合吊车使用吊框出土，每次下挖深度不大于(　　)。护壁方式与隧道主体相同，采用挖孔灌注桩配合网喷护壁。

A. 1.2m　　B. 1.5m　　C. 1.8m　　D. 1.9m

答案：A

72. 施工现场安全资料应随工程进度同步收集整理，并保存到工程竣工，由(　　)负责施工安全生产管理活动必要的记录。

A. 现场负责人　　B. 审批人　　C. 专职安全员　　D. 作业人员

答案：C

73. 导轨设置是顶管工程的关键，要求牢固可靠，轨距、高程、流水方向必须准确。导轨方向应绝对和管轴线方向平行，且导轨中心间距轴线和所要顶进管道轴线的垂直投影线完全重合一致，导轨标高偏差应符合规范要求，不得大于(　　)。

A. 1mm　　B. 3mm　　C. 6mm　　D. 8mm

答案：B

74. 由于工作井底板设置了单层双向钢筋网，并浇注了(　　)的砼，地基稳定，导轨安装在枕木上，枕木放置在工作井的底板上。

A. 5cm　　B. 10cm　　C. 15cm　　D. 20cm

答案：D

75. 管前挖土是保证顶进质量和地上构筑物安全的关键，挖土的方向和开挖的形状直接影响到顶进管位的准确性，因此应严格控制管前周围的超挖现象，在一般顶管地段，如土质较好，可超挖管端(　　)。

A. 50～100mm　　B. 150～200mm　　C. 300～500mm　　D. 450～500mm

答案：C

76. 对于密实土质，在管端上面允许超挖(　　)以内，以减少顶进阻力，管端下部135°范围内不得超挖，保持管壁与土基表面吻合。

A. 5mm　　B. 10mm　　C. 15mm　　D. 25mm

答案：C

77. 压浆管使用(　　)钢管，每节长度1.95m，将钢管按梅花形布置吹成眼孔，间距为30cm，管与管之间使用丝口连接。

A. ϕ20mm　　B. ϕ30mm　　C. ϕ40mm　　D. ϕ50mm

答案：D

78. 为了提高洞壁与周边土体接触的密实度，减少地表的下沉，待拱涵砼全部完成、砼强度达设计强度的(　　)后，在不影响洞内施工的前提下，由外向内及时跟进灌浆施工。

A. 50%　　B. 60%　　C. 70%　　D. 80%

答案：C

79. 灌浆采用425普通硅酸盐水泥，灌注水灰比为(　　)，对空隙大的部位灌注水泥砂浆，比重大于水泥重量的200%。

A. 1∶1　　B. 1∶2　　C. 1∶3　　D. 1∶4

答案：A

80. (　　)的主要内容有：工程清单、项目编码、综合单价、措施项目、预留金、总承包费、零星费用、消耗定额、企业定额、招标标底、投标报价、建设项目、单项工程、单位工程、分部工程、分项工程。

A. 工程量核算　　B. 建筑量核算　　C. 工程量计划　　D. 核算

答案：A

81. (　　)核算之前，首先应确定分部工程的计算顺序，然后确定分部工程中各分项工程的计算顺序。分部分项工程的计算顺序，应根据其相互之间的关联因素确定。

A. 分部工程　　B. 工程量　　C. 工程建设　　D. 施工量

答案：B

82. 结构图中包括不同种类、不同型号的构件，而且分布在不同的部位，为了便于计算和复核，需要按构件(　　)统计数量，然后进行计算。

A. 编号顺序　　B. 顺时针顺序　　C. 轴线编号　　D. 分段计算

答案：A

83. (　　)是目前常用的算量方法，该方法以计算规则为依据，通过画图确定构件实体的位置，输入与算量有关的构件属性后，软件通过一定的计算规则可自动计算得到构件实体的工程量，自动进行汇总统计，得到工程量清单。

A. 软件自动计算　　B. 分段计算　　C. 分层计算　　D. 分区域计算

答案：A

84. 计算工程量时，根据(　　)所列出的工程子目的口径(指工程子目所包含的内容)，必须与定额中相应工程子目的口径一致。

A. 设计图纸　　B. 施工图纸　　C. 设计方案　　D. 施工方案

答案：B

85. 工程量计算时，必须遵循定额中所规定的工程量计算规则。如墙体工程量计算中，外墙长度按外墙(　　)计算。

A. 净长线　　B. 水平投影面积　　C. 中轴线　　D. 中心线

答案：D

86. (　　)情况主要包括该工程项目的机构组成、管理机构设置、人员、设备投入情况等。

A. 工程安全　　B. 工程总体　　C. 工程投入　　D. 工程部分

答案：C

87. 钢筋、钢管、工字钢以(　　)为计量单位。

A. kg　　B. 个　　C. 条　　D. m

答案：A

88. 土石方以(　　)为计量单位。

A. t　　B. 袋　　C. m^3　　D. kg

答案：C

89. 待水泥砂浆凝固后，(　　)方可平铺热沥青。

A. 20min　　B. 30min　　C. 40min　　D. 50min

答案：B

90. 采用预制雨水口时，当槽底为松软土质，应换填石灰土后夯实，并应据预制雨水口底厚度，校核高程，宜低，铺砂垫层(　　)。

A. 10 ~ 20mm　　B. 20 ~ 30mm　　C. 30 ~ 40mm　　D. 40 ~ 50mm

答案：B

91. 在基础上放出雨水口侧墙位置线、并安放雨水管。管端面露于雨水口内，其露出长度不得大于(　　)，管端面应完整无破损。

A. 2cm　　B. 4cm　　C. 6cm　　D. 8cm

答案：B

92. 纵向注浆孔位置在管缝两侧的(　　)。

A. 20cm　　B. 30cm　　C. 50cm　　D. 40cm

答案：C

93. 用石棉水泥，沥青麻丝将接口底部嵌实封堵，厚度为(　　)。

A. 3 ~ 5cm　　B. 3 ~ 9cm　　C. 3 ~ 15cm　　D. 5 ~ 10cm

答案：A

二、多选题

1. 人工掏挖操作时，以下有关作业准备的描述正确的是(　　)。

A. 严格执行作业审批手续

B. 无需执行安全交底程序

C. 检查检测设备、送风设备、发电设备等

D. 检查呼吸防护设备

答案：ACD

2. 井盖常见问题一般包括(　　)。

A. 井盖错动　　B. 井盖损坏　　C. 井盖设计不合理　　D. 井盖高低不适

答案：ABCD

3. 工程量核算要以(　　)为原则。

A. 准确性　　B. 专业性　　C. 规则性　　D. 经验性

答案：AC

4. 护目镜都采用一般平光玻璃镜片制作，可分为(　　)。

A. 眼罩式　　B. 平光式　　C. 平镜式　　D. 弧镜式

答案：AC

5. 常用的防护鞋内衬为钢包头，柔性不锈钢鞋底，具有(　　)，内有橡胶及弹性体支撑，穿着舒适，保护足部的同时不影响日常劳动操作。

A. 耐静压及抗冲击性能　B. 防刺　　C. 防砸　　D. 防水

答案：ABC

6. 根据结构形式，气体检测仪可分为(　　)，根据不同应用场合进行选用或配合使用，最大程度保证作业人员安全。

A. 泵吸式　　B. 泵发式　　C. 扩散式　　D. 扩发式

答案：AC

7. 以下气体检测仪读数不稳的处理方法正确的是(　　)。

A. 开机等待　　B. 返厂维修
C. 检查探头接地是否良好　　D. 换一台新机
答案：ABC

8. 以下通讯设备的应用注意事项错误的是(　　)。
A. 工作中，通讯设备必须随身携带且保持开机状态，可随意关机或更改频段
B. 严格按设备充电程序进行充电，以保障电池性能和寿命
C. 更换设备电池时无须先将主机开关关闭，保护和延长其使用寿命
D. 不要在雾气、雨水等高湿度环境下存放或使用；一旦设备进水，严禁按通话键，应立即关机并拆除电板
答案：AC

9. 排水软管检查时应注意(　　)。
A. 检查排水软管外观无破损　　B. 检查排水软管接头牢固
C. 检查排水软管卡箍完好　　D. 检查排水软管无渗漏现象
答案：ABCD

10. 人工掏挖操作时，以下有关作业准备的描述正确的(　　)。
A. 严格执行作业审批手续
B. 无须执行安全交底程序
C. 检查防护设备，如呼吸设备、检测设备、送风设备、发电设备等
D. 现场监护人员不少于 1 人且持证上岗
答案：AC

11. 以下井室砌筑或修复质量规定正确的是(　　)。
A. 井内流槽应平顺圆滑，有少量建筑垃圾等杂物　　B. 砂浆标号应符合设计要求，配比准确
C. 踏步应安装牢固、位置正确　　D. 井圈、井盖应完整无损，安装稳固，位置准确
答案：BCD

12. 吸污车抽排操作，以下有关吸引操作描述正确的是(　　)。
A. 将车辆行驶到指定地点后，松开手刹，使车辆底盘固定
B. 打开负荷释放阀；将转换阀调至“吸引”状态；启动发动机进行预热运转后，踩下离合器、按下取力器的开关、慢慢松开离合器使取力器开始运转(注意将罐门锁闭装置锁上)
C. 通过车辆右侧操作盘处的调速阀(外接油门)将发动机的转速调节到吸引作业时所需要的转速
D. 关闭回收罐后方的吸引阀
答案：AD

13. 气体检测原则是(　　)。
A. 边检测　　B. 先检测　　C. 后作业
D. 作业过程中持续检测　　E. 边作业
答案：BCD

14. 编写实施计划书是检测工作的重要环节，它的符合性好坏直接关系到检测工作能否得以顺利实施，主要包括的内容有(　　)。
A. 项目概况：检测的目的、任务、范围和期限；现有的资料分析：交通条件、管道概况
B. 技术措施：管道封堵和清洗方法、检测方法；辅助措施：应急排水措施、交通组织措施
C. 保质措施：作业质量保证体系、质量检查；工期控制：工作量估算、工作进度计划
D. 保障措施：人员、设备和材料计划问题和对策；特殊缺陷、未检情况、其他问题、处理建议
E. 成果资料清单：各种检测表、缺陷发布图、检测和评估报告等
答案：ABCDE

15. 以下有关拆堵方法正确的是(　　)。
A. 拆堵作业原则为先拆下游再拆上游
B. 拆除管塞封堵时，先降低封堵压力或直接使用安全绳将管塞提出管道
C. 水车疏通

D. 人力绞车疏通

答案：ABCD

16. 立体状的缺陷一般是指管道内的堆积物，包括(　　)等。

A. 淤积　　B. 障碍物　　C. 水　　D. 油垢

答案：AB

17. 一般来说，一处缺陷表述主要有(　　)部分组成。

A. 基本信息　　B. 缺陷标注　　C. 管线病害　　D. 管线类型

答案：AB

18. 涂层法整修操作一般规定为：喷涂设备应由专业技术人员管理和操作，机械喷涂作业人员应接受过(　　)。

A. 岗位技能教育　　B. 岗前考核　　C. 安全培训　　D. 操作办法

答案：AC

19. 支撑是以土方作业中保持槽坡稳定或加固槽帮后有利于以后工序安全施工的一种方法。它为临时性挡土结构，由木材或钢材做成，一般是在(　　)条件下需要考虑采用支撑办法。

A. 受场地限制挖槽不能放坡，或管道埋设较深，放坡开槽土方量很大

B. 遇到软弱土质或地下水位高，容易引起坍方地段

C. 采用明沟排水施工，土质为粉砂土遇水形成流砂，没有撑板加固槽帮无法挖槽地段

D. 沟槽附近有地上地下建筑物和较重车辆行驶的情况，应予保护的部位

E. 支撑的沟槽应满足牢固可靠、用料节省、便于支设与拆除、不影响以后工序的安全操作的要求

F. 常用的机械有液压挖掘机和抓斗挖土机等

答案：ABCDE

20. 管道基础的分类包括(　　)。

A. 弧型素土基础　　B. 灰土基础　　C. 拆撑

D. 砂砾垫层基础　　E. 混凝土和混凝土枕基础

答案：ABCDE

21. 管道基础的操作要点包括(　　)。

A. 在铺筑垫层前，认真复核基础底的土基标高、宽度和平整度，铲除淤泥、杂物和积水，原则上当天查验、整改、完成基础

B. 若遇土基不稳定或有流砂现象等，应采取措施加固后才能铺筑碎石垫层，应根据规定的宽度和厚度摊铺平整拍实，摊铺完毕后，应尽快浇筑混凝土基础

C. 侧模安装应根据管道检查井的中心位置，拉出中心线，用垂线和搭马控制模板的位置

D. 槽深超过 2m，混凝土基础浇筑必须采用串筒或滑槽倾倒混凝土，防止混凝土发生离析

E. 倒卸材料时，不得碰撞支撑结构物，车辆卸料时，应在沟槽边缘设置车轮限位木，防止翻车坠落伤人

F. 水准仪调整龙门板高度最常用方法是“应读前视法”

答案：ABCDE

22. 浅埋暗挖的基本程序包括工作井挖掘、测量定位、渠道人工掘进、(　　)。

A. 喷射砼支护　　B. 钢筋安装绑扎　　C. 喷射渠壁砼

D. 内壁抹灰修整　　E. 外壁灌浆

答案：ABCDE

23. (　　)是工程量计算的基础资料和基本依据。

A. 精准的数据　　B. 相关规范　　C. 配套的标准图集　　D. 施工图纸

答案：CD

24. 养护工作总结报告的内容包括(　　)。

A. 计划完成情况　　B. 投入率　　C. 成本分析

D. 安全和文明生产情况　E. 其他内容

答案：ABCDE

25. 养护工作总结投入率包括(　　)。

A. 人员投入率　　B. 车辆　　C. 设备投入率　　D. 材料物资投入率

答案：ABCD

三、简答题

1. 简述安全帽的使用、检查和保管的方法。

答：按实际情况合理选择安全帽。每种安会帽都有一定的技术性能指标和它的适用范围，根据实际工况合理选择适用的安全帽。大檐帽和大舌帽适用于露天环境作业，小沿帽多用于室内、隧道、涵洞、井巷等工作环境。普通工种使用的安全帽，以白色、淡黄、淡绿色为宜。

1)佩戴安全帽前需检查各配件是否有破损、装配是否牢固、帽衬调节部分是否卡紧、插口是否牢靠、绳带是否系紧等，确保各部件完好后方可使用。

2)根据使用者的头部大小，调节合适的帽箍松紧度，若帽衬与帽壳之间的距离不在25~50mm之间，应调节到规定的范围内。安全帽佩戴要有下颏带和后颈箍并应系紧拴牢，以防帽子滑落与脱掉。

3)若安全帽在使用中受到较大冲击，无论是否发现帽壳有明显断裂纹或变形，都应停止使用，更换受损的安全帽。安全帽一般使用期限不超过三年，具体根据当批次安全帽的标识确定，超过使用期限的安全帽严禁使用。

4)超期或受到冲击等原因不能继续使用的安全帽应进行报废切割，不得继续使用或随意弃置处理。

5)安全帽使用后应擦拭干净，妥善保存。不应存储在有酸碱、高温(50℃以上)、阳光直射、潮湿等处，避免重物挤压或尖物碰刺。帽壳与帽衬可用冷水、温水(低于50℃)洗涤，不可放在暖气片上烘烤，以防帽壳变形。

2. 井盖常见病害一般包括哪些？至少列出6个。

答：井盖、井口和井圈损坏、错动、倾斜、位移、震响、高低不适等。

3. 简述涂层法整修操作一般规定。

答：涂层法整修操作一般规定为：

1)排水管道内喷涂修复工程的设计应以原有管道检测与评估报告为基础。

2)管道内喷涂修复工程施工应符合现行国家标准《给水排水管道工程施工及验收规范》(GB 50268—2008)的有关规定。

3)应编制施工组织设计或专项施工方案，并在审批后执行。

4)涉及道路开挖与回填、交通导行的工程应按要求报批。

5)应根据工程特点合理选用施工设备，并应有设备总体配置方案。对于季节性施工、重要工程、不宜间断的工程，应有满足施工要求备用的动力和设备。

6)喷涂设备应由专业技术人员管理和操作，机械喷涂作业人员应接受过岗位技能教育及安全培训。

7)喷涂工程施工前应通过图纸会审，施工单位应掌握工程主体及细部构造的技术要求。

8)管道内喷涂修复，应遵守以下规定：

(1)管体结构完好或含有轻微结构性缺陷的原有管道，适合采用管道内喷涂修复。

(2)利用原有管道结构进行半结构性喷涂修复的管道，其设计使用年限应不低于原有管道结构的剩余设计使用期限。对于混凝土管道，半结构性喷涂修复后的最长设计使用年限不宜超过30年。

(3)管道内喷涂修复可采用局部喷涂修复，当管段缺陷为整体缺陷时，应采用整体修复。

9)作业过程中，应进行过程控制和质量检验。喷涂施工的每道工序完成后，经过检查合格后，方可进行下道工序的施工，并应采取成品保护措施。检查不合格时，重新进行上一道工序的施工，并经重新检验其质量后再决定是否进行下一道工序的施工。

10)作业过程应有完整的施工工艺记录。

11)喷涂预处理施工前应完成喷涂施工场地准备、工作坑的开挖与支护、管道断管工作。

12)当管道需采取临时排水措施时，应符合下列规定：

(1)对原有管道进行封堵应按CJJ 68—2016《城镇排水管渠与泵站运行维护及安全技术规程》执行。

(2)当管堵采用充气管塞时，应随时检查管堵的气压，当管堵气压降低时应及时充气。

(3)当管堵上、下游有水压力差时，应对管堵进行支撑。

(4)临时排水设施的排水能力应能确保各修复工艺的施工要求。

4. 安全检查资料需记录的内容有哪些?

答：施工现场安全资料应随工程进度同步收集整理，并保存到工程竣工，由专职安全员负责施工安全生产管理活动必要的记录。

1)施工企业的安全生产许可证。

2)项目部专职安全员等安全管理人员的考核合格证。

3)建设工程施工许可证等复印件，施工现场安全监督备案登记表。

4)地上、地下管线及建(构)筑物资料移交单。

5)安全防护文明施工措施费用支付统计。

6)安全资金投入记录。

7)工程概况表。

8)项目重大危险源识别汇总表。

9)危险性较大的分部分项工程专家论证表和危险性较大的分部分项工程汇总表。

10)项目重大危险源控制措施，生产安全事故应急预案等。

11)安全技术交底汇总表，特种作业人员登记表，作业人员安全教育记录表。

12)施工现场检查评分表，违章处理记录等相关资料。

5. 养护工作总结报告应包含的内容有哪些?

答：1)计划完成情况：包括计划完成率、计划合理率、管道畅通率、管道出泥率、计划调度率、计划率、计划匹配度等，也包括不同工法、管径工况下的养护工作情况。

2)投入率：包括养护工作的人员投入率、车辆、设备投入率、材料物资投入率等。

3)成本分析：包括养护功率的总成本、投入产出率以及对应的变化趋势、工效果分析等。

4)安全和文明生产情况：包括养护工作过程总出现的安全问题和安全隐患，文明施工情况等。

5)其他内容：包括对作业人员的评价、养护工作过程中总结的经验教训和值得借鉴推广的优秀做法等。

四、实操题

1. 以通用型人力绞车为例，介绍其工作中的操作规程。

答：通用型人力绞车操作规程：

1)绞车现场布置：将绞车按相邻井中心连线方向，推至检查井外侧，主绞车置于下游检查井处，辅助绞车位于上游检查井。

2)设置车轮架：垂直按下扶手，松开车轮架挂钩，使车轮架平稳落地。

3)设置定位架：卸下定位架保险销，放下定位板置于井口，使定位架顶紧检查井井圈内侧。

4)设置斜撑：卸下斜撑杆保险销，向下旋转斜撑杆与定位架连接，插好保险销。

5)设置穿管器：利用穿针引线方式将穿管器从上游管口穿至下游管口，连接主绞车钢丝绳后，原位抽出穿管器，将主绞车钢丝绳带出上游管口。

6)安装疏通器具：将疏通器具(松泥耙、簸箕、刮泥板)前端连接主绞车钢丝绳，尾端连接辅助绞车钢丝绳后，放入下游管口内。

7)设置手持导轮/导向支架：钢丝绳置于手持导轮下方，导轮上方平面顶紧管顶内壁；钢丝绳置于三角导轮下方，单杆顶紧管口上方10cm处。

8)疏通取泥：将主绞车钢丝绳放置卡管滑轮上方，人工转动主绞车动力轴把手；将疏通器具从上游管口牵引至下游管口，利用掏锹将推出管口的污泥掏挖出检查井。

2. 简述管塞封堵法充气皮堵封堵的操作方法。

答：1)选择适用管型规格的皮堵。

2)检查皮堵外观是否完好无损坏、老化等现象。

3)检查充、放气口是否完好无堵塞、损坏等现象。

4)检查气泵、充气管是否完好，压力表标的是否正确。

5）正确连接气泵和皮堵。

6）对管道内安装皮堵的位置进行预处理，确保管壁平滑、干净。

7）皮堵安装在上游管口并且全部没入管内，系牢安全绳，固定在井上。

8）按皮堵标识压力充气，随时检查管堵的气压，当管堵气压降低时应及时充气。

9）充气时作业人员应返回地面，观察水流状态，达到封堵效果。

10）当管堵上、下游有水压力差时，应对管堵进行支撑。

3. 简述管道磅筒闭水试验的操作方法。

答：1）封堵闭水试验管道的两端。在下游封墙的上侧，埋设一根直径25mm的铁管作为进水口，出气孔在上游封墙边的管顶。

2）把磅筒置于下游管道的上方，使磅筒口到管顶的高度等于磅水水头，用橡皮管连接磅筒与下游封墙上的进水口铁管。

3）向磅筒内加水，待上游出气孔有水喷出时，用木塞塞住该孔。

4）闭水试验时，仔细检查每个接缝和沟管的渗漏情况，并做好记录。试验不合格，应进行修补后重新试验，直至合格为止。闭水检验合格后拆除封墙。

第三章

高 级 工

第一节 安全知识

一、单选题

1. 管线因无下游等原因会产生(　　)事故。
A. 雨污水外溢冒水　　B. 人身伤害　　C. 传播重大传染病　　D. 触电
答案：A
2. 通常以触电危险程度来考虑，施工现场的环境不包含(　　)。
A. 一般场所　　B. 危险场所　　C. 高度危险场所　　D. 安全场所
答案：D
3. 用电安全中，以下场所不属于一般场所的是(　　)。
A. 干燥木地板　　B. 塑料地板　　C. 沥青地板　　D. 水泥地板
答案：D
4. 安全带使用两年以后，抽检合格后则(　　)抽检的样带。
A. 应更换新的挂绳才能使用　　B. 可以直接使用
C. 肯定不能用　　D. 重量轻的人可以使用
答案：A
5. 安全带使用两年以后，抽检的样带不合格，则购进的这批(　　)。
A. 安全带应报废　　B. 除样带外其他可以使用
C. 挑选外观无损的继续使用　　D. 重量轻的人可以使用
答案：A
6. 安全带外观有破损或发现异味时，应(　　)。
A. 继续使用　　B. 立即更换　　C. 暂时使用　　D. 先不更换
答案：B
7. 施工现场的用电设备不包括(　　)。
A. 电动机械　　B. 电动工具　　C. 照明器　　D. 气体检测设备
答案：D
8. (　　)要确保在作业过程中操作人员不会吸入缺氧的空气，同时要在现场进行指挥。
A. 安全负责人　　B. 现场作业人　　C. 审批人　　D. 领导人
答案：A
9. 现场的用电设备基本上可分为三大类，即电动机械、电动工具和(　　)。
A. 动力站　　B. 发电机　　C. 气体检测器　　D. 照明器
答案：D

10. 在对职工进行有限空间作业安全教育，不需要职工认识的是有限空间作业的(　　)。

A. 性质　　B. 特征　　C. 工作时长　　D. 预防措施

答案：C

11. 当检查井口为圆形时，安全网外接圆直径应小于检查井直径，且差值不应大于(　　)。

A. 50mm　　B. 60mm　　C. 70mm　　D. 80mm

答案：B

12. 城镇公共排水系统四通八达，贯穿于城市地下，为了便于日常维护管理，一般随(　　)同步建设实施。

A. 城市道路　　B. 乡村道路　　C. 轨道交通　　D. 污水处理厂

答案：A

13. 如果无法从外部进行搅拌时，测定的有毒有害气体浓度在标准值以下时，下列做法正确的是(　　)。

A. 也要佩戴适当的安全防护用品后再进行作业　　B. 直接下井作业

C. 等一会再下井作业　　D. 不用佩戴适当的安全防护用品后直接进行作业

答案：A

14. 如果无法从外部进行搅拌时，即使测定的浓度在标准值以下，也要佩戴适当的安全防护用品后再进行作业，作业过程中(　　)。

A. 自然通风　　B. 不用通风　　C. 通不通风都可以　　D. 必须不间断鼓风

答案：D

15. 在容易发生缺氧事故的危险地带进行作业时，一定要选出负责(　　)的人员。

A. 行政　　B. 生活　　C. 安全　　D. 生产

答案：C

16. 安全帽不可以用(　　)制作。

A. 玻璃钢　　B. 棉　　C. 竹　　D. 藤

答案：B

17. 安全帽不具备的特性是(　　)。

A. 可塑性　　B. 耐冲击　　C. 耐穿透　　D. 耐低温性能

答案：A

18. 扩散式气体检测仪主要依靠(　　)自然扩散将气体样品带入检测仪中与传感器接触反应。

A. 氧气　　B. 空气　　C. 二氧化碳　　D. 可燃气体

答案：B

19. 下列不是泵吸式和扩散式气体检测仪的优点的是(　　)。

A. 不可实现连续检测　　B. 体积小　　C. 快速显示数值　　D. 数据精确度高

答案：A

20. 泵吸式气体检测仪是在仪器内安装采样泵或外置(　　)。

A. 外置采样泵　　B. 干式泵　　C. 抽升泵　　D. 采样阀

答案：A

21. 泵吸式气体检测仪通过(　　)将远距离的有限空间内的气体“吸入”检测仪器中进行检测。

A. 风机　　B. 连接电线　　C. 采气管　　D. 安全绳

答案：C

22. 使用泵吸式气体检测仪时，为将有限空间内气体抽至检测仪内，采样泵的抽力必须满足仪器对(　　)的需求。

A. 水量　　B. 流量　　C. 电量　　D. 气量

答案：B

23. 自吸式长管呼吸器是依靠佩戴者自身的(　　)将清洁的空气经低压长管、导气管吸进面罩内。

A. 脂肪　　B. 肌肉　　C. 肺动力　　D. 胃动力

答案：C

24. 高压送风式长管呼吸器是由高压气源(如高压空气瓶)经压力调节装置把高压调为(　　)后，将气体通过导气管送到面罩供佩戴者呼吸的一种防护用品。

A. 中压　　B. 高压　　C. 超高压　　D. 低压

答案：A

25. 高压送风式长管呼吸器的气源是(　　)。

A. 高压气源　　B. 中压气源　　C. 低压起源　　D. 空气

答案：A

26. 长管呼吸器使用空压机作气源时，为保护员工的安全与健康，空压机的出口应设置(　　)。

A. 空气检测器　　B. 空气过滤器　　C. 气体检测器　　D. 消毒装置

答案：B

27. 安全帽在使用时受到较大冲击后，没有出现裂痕和变形，则(　　)。

A. 可以继续使用　　B. 测试后继续使用　　C. 停止使用　　D. 购买新的安全帽

答案：B

28. 为阻挡车辆及行人前进或指示改道，路栏设于因作业被阻断路段的两端或周围，侧面距离作业现场(　　)。

A. 0.5～1m　　B. 0.1～1.5m　　C. 0.5～1.5m　　D. 0.5～2m

答案：C

29. 搬运伤员是一个非常重要的环节，如果伤员有骨折情况，以下做法正确的是(　　)。

A. 一定要用木板做的硬担架抬运

B. 一定要把伤员小心地放在担架上抬送

C. 可采用扛、背、抱、扶的方法将伤员运走

D. 以上三种方式均可以

答案：A

30. 当怀疑有人骨折时，现场其他人应(　　)。

A. 不要轻易移动伤者　　B. 赶紧抱着伤者救治　　C. 背着伤者赶紧救治　　D. 现场包扎

答案：A

31. 淹没于水中以后，本能地出现反应性(　　)，避免水进入呼吸道。

A. 游泳　　B. 屏气　　C. 呼吸　　D. 挣扎

答案：B

32. 交通安全设施消能桶应(　　)，能引起司机注意危险，并起到引导司机视线的良好作用。

A. 选好位置　　B. 体积大　　C. 高度高　　D. 色彩鲜明

答案：D

二、多选题

1. 对职工进行有限空间作业安全教育，必须使职工认识有毒有害气体的(　　)。

A. 性质　　B. 特征　　C. 中毒护理　　D. 预防措施

答案：ABCD

2. 施工现场的用电设备基本上可分为(　　)。

A. 电动机械　　B. 电动工具　　C. 照明器　　D. 气体检测设备

答案：ABC

3. 通常以触电危险程度来考虑，施工现场的环境可划分为(　　)。

A. 一般场所　　B. 危险场所　　C. 高度危险场所　　D. 安全场所

答案：ABC

4. 用电安全中，以下场所属于一般场所的是(　　)。

A. 干燥木地板　　B. 塑料地板　　C. 沥青地板　　D. 水泥地板

答案：ABC

5. 排水管网相对处于密闭环境，长期运行会产生并聚集(　　)等有毒有害气体。

A. 氢气　B. 硫化氢　C. 一氧化碳　D. 可燃气

答案：BCD

6. 气瓶从材质上分为钢瓶和复合瓶，复合瓶与钢瓶相比优点是(　　)。

A. 重量轻　B. 耐腐蚀　C. 样式新颖　D. 使用寿命长

答案：ABD

7. 泵吸式气体检测仪主要有(　　)类型的采样泵。

A. 内置采样泵　B. 手动采样　C. 机械泵采样　D. 电动采样

答案：ABC

8. 一般常用的隔离式防毒面具有(　　)。

A. 长管呼吸器　B. 正压式呼吸器　C. 紧急逃生呼吸器　D. 潜水呼吸器

答案：ABC

9. 根据供气方式不同长管呼吸器可分为(　　)。

A. 自吸式长管呼吸器　B. 连续送风式长管呼吸器

C. 高压送风式长管呼吸器　D. 低压送风长管呼吸器

答案：ABC

10. 消除控制危险源的技术控制措施包括(　　)。

A. 改进措施　B. 隔离措施　C. 消除措施

D. 连锁措施　E. 警告措施

答案：BCDE

11. 消除控制危险源的管理控制措施包括(　　)。

A. 建立危险源管理的规章制度　B. 加强教育培训　C. 定期检查及日常管理

D. 定期配备劳动防护用品　E. 加强预案演练

答案：ABC

12. 落实《中华人民共和国安全生产法》中安全教育培训的要求，通过(　　)等方式提高职工的安全意识，增强职工的安全操作技能，避免职业危害。

A. 新员工培训　B. 调岗员工培训　C. 复工员工培训

D. 日常培训　E. 离岗培训

答案：ABCD

13. 综合应急预案包括(　　)。

A. 生产经营单位的应急组织机构及职责　B. 应急预案体系

C. 事故风险描述　D. 应急处置和注意事项

答案：ABC

14. 现场处置方案包括(　　)。

A. 保障措施　B. 事故风险分析

C. 应急工作职责　D. 应急处置和注意事项

答案：BCD

15. 以下关于溺水后救护的描述正确的有(　　)。

A. 救援人员发现后应立即下水　B. 迅速将伤者移至空旷通风良好的地点

C. 判断伤者意识、心跳、呼吸、脉搏　D. 根据伤者情况进行现场施救

答案：BCD

三、简答题

1. 在容易发生缺氧事故的危险地带进行作业时，注意事项有哪些?

答：在容易发生缺氧事故的危险地带进行作业时，注意事项包括：

1) 在容易发生缺氧事故的危险地带进行作业时，一定要选出负责安全的人员。

2）安全负责人要确保在作业过程中操作人员不会吸入缺氧的空气，同时要在现场进行挥。

3）开始作业前，要对作业场所空气中氧气浓度进行测定，确保氧气浓度符合要求后方可作业。

2. 在有限空间作业时，为什么不使用自吸式长管呼吸器？

答：由于这种呼吸器是靠自身的肺动力，因此在呼吸的过程中不能总是维持面罩内为微正压，当面罩内压力下降为微负压时，就有可能造成外部受污染的空气进入面罩内。

有限空间长期处于封闭或半封闭状态，容易造成氧含量不足或有毒有害气体积聚。在有限空间内使用该类呼吸器，可能由于面罩内压力下降呈现微负压状态，缺氧气体或有毒有害气体渗入面罩，并随着佩戴者的呼吸进入人体，对其身体健康和生命安全造成威胁。此外，由于该类呼吸器依靠佩戴者自身肺动力吸入有限空间外的洁净空气，在有限空间内从事重体力劳动或长时间作业时，可能会对佩戴该呼吸器的作业人员的正常呼吸带来负担，使作业人员感觉呼吸不畅。因此，在有限空间作业时，不应使用自吸式长管呼吸器。

3. 占道作业危害的特点主要有哪些？

答：1）作业区域相对开放，流动性强，临时防护简易，社会车辆、人员等外部因素给作业区域施工安全带来一定影响。

2）夜间作业环境照明不足、雨雪天气道路湿滑等不良环境因素可能导致生产安全事故。

3）作业区域交通安全防护设施码放不规范易导致安全事故。

4）社会车辆驾驶员参与交通活动的精神状态（酒后驾驶、疲劳驾驶等）不佳，易导致交通安全事故。

第二节　理论知识

一、单选题

1. 一般情况下，排水管渠内的水流雷诺数 *Re* 远大于（　　），管渠内的水流处于紊流流态，因此在对排水管网进行水力计算时均按紊流考虑。

A. 2000　　B. 3000　　C. 4000　　D. 5000

答案：C

2. 在阻力平方区，管渠水头损失与流速平方成正比，在水力光滑管区，管渠水头损失约与流速的（　　）成正比。

A. 1.65 次方　　B. 1.75 次方　　C. 1.85 次方　　D. 1.95 次方

答案：B

3. 制图的步骤不包括（　　）。

A. 图面布置　　B. 画底图　　C. 加深图线　　D. 构思大纲

答案：D

4. 由相互平行的投影线所产生的投影称为（　　）投影。

A. 平行　　B. 中心　　C. 正　　D. 斜

答案：A

5. 竣工图的编制必须做到准确、完整和（　　），图面应清晰，并符合长期安全保管的档案要求。

A. 标识　　B. 及时　　C. 清楚　　D. 符号

答案：B

6. 利用施工图改绘竣工图基本上有两种方法：杠改法、（　　）更改法。

A. 手绘　　B. 替换　　C. 贴图　　D. 标注

答案：C

7. 以下图中表示截止阀的是（　　）。

A. 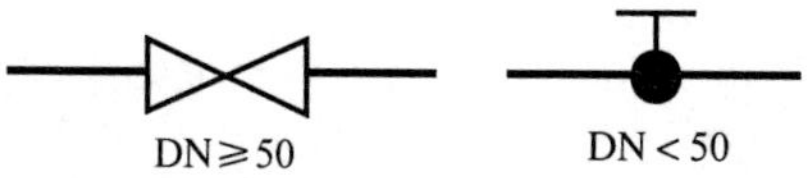　DN≥50　DN $<$ 50

B.

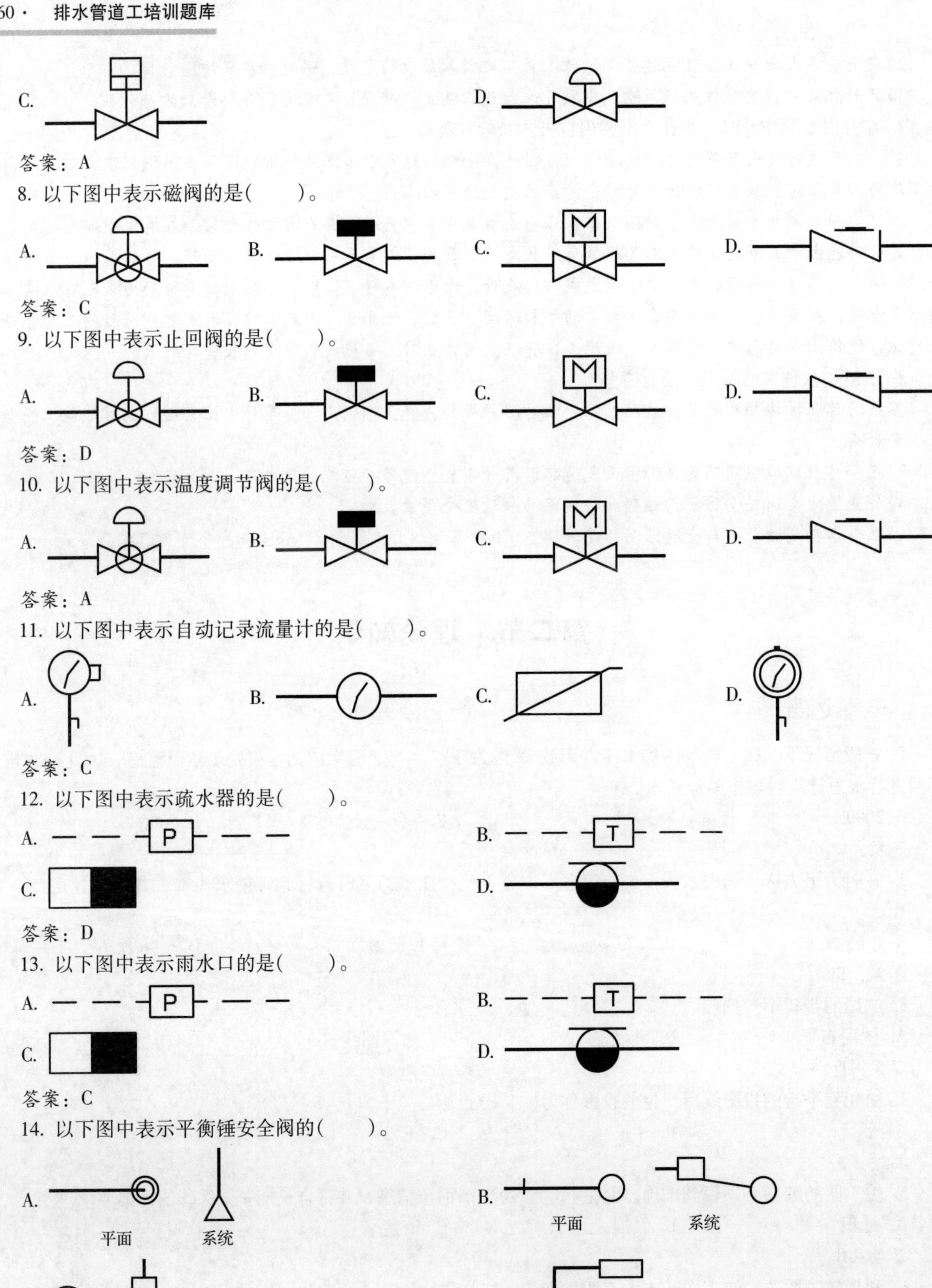

C.　　　　D.

答案：A

8. 以下图中表示磁阀的是(　　)。

A.　　B.　　C.　　D.

答案：C

9. 以下图中表示止回阀的是(　　)。

A.　　B.　　C.　　D.

答案：D

10. 以下图中表示温度调节阀的是(　　)。

A.　　B.　　C.　　D.

答案：A

11. 以下图中表示自动记录流量计的是(　　)。

A.　　B.　　C.　　D.

答案：C

12. 以下图中表示疏水器的是(　　)。

A.　　B.　　C.　　D.

答案：D

13. 以下图中表示雨水口的是(　　)。

A.　　B.　　C.　　D.

答案：C

14. 以下图中表示平衡锤安全阀的(　　)。

A.　　B.　　C.　　D.

答案：D

15. 陶土排水管道有两种类型：一种为圆形陶土管，另一种为(　　)。

A. 长方形陶土管　　B. 正方形陶土管　　C. 梯形陶土管　　D. 五角形陶土管

答案：D

16. 圆形陶土管的内径一般为(　　)。

A. 10cm　　B. 16cm　　C. 22cm　　D. 26cm

答案：C

17. 圆形陶土管，断面面积约为(　　)。

A. 0. 02m^2　　B. 0. 04m^2　　C. 0. 06m^2　　D. 0. 08m^2

答案：B

18. 检查井管道为了便于人员检修出入安全与方便，其直径不应小于(　　)。

A. 0. 5m　　B. 0. 6m　　C. 0. 7m　　D. 0. 8m

答案：C

19. 检查井为了便于人员检修出入安全与方便，井室直径不应小于(　　)。

A. 0. 8m　　B. 0. 9m　　C. 1m　　D. 1. 1m

答案：C

20. 设置沉泥槽时，深度宜为(　　)。

A. 0. 1 ~ 0. 3m　　B. 0. 2 ~ 0. 3m　　C. 0. 3 ~ 0. 4m　　D. 0. 3 ~ 0. 5m

答案：D

21. (　　)陶土管，一直是延续应用最广泛的一种排水管道，在不同时期和地区的城垣、皇宫以及庭院中，都曾发掘出许多这种管道。

A. 圆形　　B. 梯形　　C. 长方形　　D. 正方形

答案：A

22. 防汛管理系统可收集获取降雨情况、泵站运行情况、桥区和排河口实时液位监测数据，水厂运行情况等信息，为防汛布控提供(　　)。

A. 数据采集　　B. 数据报表　　C. 数据支持　　D. 数据管理

答案：C

23. 井下作业时，必须进行连续气体检测，且井上监护人员不得少于(　　)；进入管道内作业时，井室内应设置专业呼应和监护，监护人员严禁擅离职守。

A. 2 人　　B. 3 人　　C. 4 人　　D. 6 人

答案：A

24. 井下作业前，维护作业单位必须检测管道内有害气体。井下有害气体浓度必须符合《城镇排水管道维护安全技术规程》第(　　)节的有关规定。

A. 52　　B. 53　　C. 55　　D. 59

答案：B

25. 设施养护管理系统以设施(　　)养护决策管理为中心。

A. 短期性　　B. 长期性　　C. 计划性　　D. 周期性

答案：D

26. 人员进入管内检查时，应采用摄像或摄影的记录方式，并应符合下列规定：照片的分辨率不应低于(　　)像素，录像的分辨率不应低于 30 万像素。

A. 100 万　　B. 200 万　　C. 300 万　　D. 500 万

答案：C

27. 管道检测方法应根据现场的具体情况和检测设备的适应性进行选择。当一种检测方法不能全面反映管道状况时，可采用多种方法(　　)检测。

A. 单独　　B. 分类　　C. 分别　　D. 共同

答案：D

28. (　　)用于分析排水系统中各类数据之间的正确性。

A. 代码解析　　B. 时间查询　　C. 拓扑空间　　D. 定位

答案：C

29. 泵站内设置的起重设备、压力容器、安全阀及易燃、易爆、有毒气体监测装置必须(　　)检验 1 次，合格后方可使用。

A. 3 个月　　B. 6 个月　　C. 1 年　　D. 2 年

答案：C

30. (　　)排水管道严禁采用上跨障碍物的敷设方式。

A. 压力流　　B. 引力流　　C. 重力流　　D. 非压力力流

答案：C

31. 无论准入者何时进入密闭空间，密闭空间外的救援均应使用(　　)系统。

A. 安全救援　　B. 应急　　C. 急救　　D. 吊救

答案：D

32. 用人单位应建立应急救援机制，设立或委托救援机构，制定密闭空间应急救援预案，并确保每位应急救援人员每年至少进行(　　)次实战演练。

A. 4　　B. 3　　C. 2　　D. 1

答案：D

33. 当有害物质浓度(　　)IDLH(立即致死量)或虽经通风但有毒气体浓度仍高于 GBZ 21—2002 所规定的要求，或缺氧时，应当按照 GB/T 18664—2002 要求选择和佩戴呼吸性防护用品。

A. 小于　　B. 大于　　C. 等于　　D. 大于或者等于

答案：B

34. 有毒气体的浓度，须低于(　　)所规定的浓度要求。如果高于此要求，应采取机械通风措施和个人防护措施。

A. GBZ 22—2007　　B. GB 221—2000　　C. GBZ 1—2004　　D. GBZ 21—2002

答案：D

35. 拓扑空间利用地理信息系统的拓扑空间查询和(　　)功能，可以构建一系列拓扑关系。

A. 采集　　B. 手机　　C. 分析　　D. 拓展

答案：C

36. 旱季流量的管内流速，一般流速范围为(　　)，对于平底管道，宜在沟底做低水流槽。

A. 0.2～0.5m/s　　B. 0.2～0.6m/s　　C. 0.2～0.8m/s　　D. 0.3～0.5m/s

答案：A

37. 合流管的设计流速、最小坡度、最小管径、覆土要求等设计数据以及雨水口等构筑物同雨水管道。但最热月平均气温大于或等于(　　)的地区，合流管的雨水口应考虑防臭、防蚊蝇的措施。

A. 20℃　　B. 21℃　　C. 22℃　　D. 25℃

答案：D

38. 管道最小覆土厚度，在车行道下一般不小于(　　)，但在土壤冰冻线很浅(或冰冻线虽深，但有保温及加固措施)时，在采取结构加固措施、保证管道不受外部荷载损坏情况下，也可小于(　　)，但应考虑是否需保温。

A. 0.2m　　B. 0.4m　　C. 0.5m　　D. 0.7m

答案：D

39. 对地基松软或不均匀沉降地段，为增强管道强度，保证使用效果，北京、天津等地的施工经验是对管道基础或地基采取加固措施，接口采用(　　)接口。

A. 柔性　　B. 软性　　C. 硬性　　D. 刚性

答案：D

40. 渠道内壁用 1∶3 水泥砂浆抹面厚(　　)。

A. 10mm　　B. 15mm　　C. 20mm　　D. 30mm

答案：C

41. 管道接口的形式，柔性接口允许管道纵向轴线交错(　　)或交错一个较小的角度，不致引起渗漏。

A. 1～5mm　　B. 2～4mm　　C. 3～5mm　　D. 3～6mm

答案：C

42. 水泥砂浆抹带接口属于刚性接口，将抹带范围的管外壁凿毛，抹1:3水泥砂浆一层厚(　　)，中间采用20号10×10钢丝网一层，两端插入基础混凝土中，上面再抹砂浆一层厚(　　)。适用于地基土质较好的具有带形基础的雨水、污水管道上。

A. 15mm，10mm　　B. 10mm，20mm　　C. 5mm，15mm　　D. 5mm，10mm

答案：A

43. 一般情况淤泥增长快慢与管道内污水流速、流量成(　　)，而这种流速与流量是指管道中日常实际流速与流量的情况。

A. 正比　　B. 反比　　C. 不一定　　D. 不知道

答案：B

44. 污水外溢路面和检查井内可燃气体严重超标的须在(　　)内处置完成。

A. 8h　　B. 12h　　C. 24h　　D. 48h

答案：A

45. 流量测量设备按结构原理来分为堰槽式流量计、推理式流量计和(　　)三大类。

A. 漏斗流量计　　B. 容积式流量计　　C. 压力式流量计　　D. 电磁式流量计

答案：B

46. 因排水管线原因造成的路面事件，要求抢险队在接到突发应急事件(　　)内到达险情现场，快速开展抢险处置工作。

A. 30min　　B. 60min　　C. 120min　　D. 180min

答案：A

47. 管道外检测技术不包括(　　)。

A. 探地雷达法　　B. 撞击回声法　　C. 表面波光谱分析法　　D. 北斗定位检测

答案：D

48. 生产计划管理是指对排水设施日常生产活动的计划、(　　)和控制的全过程管理工作。

A. 调整　　B. 执行　　C. 组织　　D. 实施

答案：C

49. 根据不同时期观测的管内淤泥深度，找出不同年度、不同管段的平均泥深，一般(　　)以上泥深的平均值才有一定代表性。

A. 1 年　　B. 2 年　　C. 3 年　　D. 4 年

答案：C

50. 按不同管径、不同泥深分别计算，可以考虑到特殊管段的特殊情况然后取其(　　)，再找出合理周期，使整条管线有一个综合疏通周期参数。

A. 最大值　　B. 最小值　　C. 平均值　　D. 中值

答案：C

51. 按测量设备的(　　)来分，可把流量计分为三大类：堰槽式流量计、容积式流量计和推理式流量计，推理式主要包括差压式流量计、电磁式流量计、流体振荡型流量计等。

A. 对象　　B. 设备　　C. 种类　　D. 结构原理

答案：D

52. 从排水管道内掏挖清理出的沉积物又叫(　　)，这些沉积物既有随生活污水和工业废水进入管道中的颗粒物和杂质，也有随道路降尘、垃圾清扫以及建设工地排放进入管道中的物质，还有树枝、塑料袋、布片、石块、纤维、动物尸体、泥沙、饮料瓶、包装盒等其他杂物，其特性复杂，是生活垃圾、渣土、沙石、有机污泥、污水的混合物。

A. 积泥　　B. 污泥　　C. 清疏污泥　　D. 沉砂

答案：C

53. (　　)是管道快速检测设备，配备了强力光源，它通过可调节长度的手柄将高放大倍数的摄像头放入检查井或管道中，通过控制盒来调节摄像头和照明以获取清晰的录像或图像。

A. 管道潜望镜　　B. 管道望远镜　　C. 管道伸缩镜　　D. 管道检测镜

答案：A

54. 排水功能病害中，树根过水断面积损失为(　　)算中度。

A. 5%~10%　　B. 10%~25%　　C. 25%~35%　　D. 35%~45%

答案：B

55. 排水功能病害中，残堵过水断面积损失为(　　)算中度。

A. 0~5%　　B. 5%~15%　　C. 15%~20%　　D. 20%~25%

答案：B

56. 造成10人以上30人以下死亡或造成50人以上100人以下重伤(包括中毒)；造成5000万元以上1亿元以下直接经济损失，属于(　　)地下管线突发事故。

A. 特别重大　　B. 重大　　C. 较大　　D. 一般

答案：B

57. 铺设管道方法有(　　)种。

A. 3　　B. 4　　C. 5　　D. 6

答案：A

58. 在管道沿线地面下开挖成形的洞内敷设或浇筑管道(渠)的施工方法，有顶管法、盾构法、浅埋暗挖法、定向钻法、(　　)等。

A. 夯管法　　B. 非开挖施工　　C. 深埋暗挖法　　D. 水平定向法

答案：A

59. 排水管道水平定向法施工，应根据设计要求选用(　　)。

A. 聚乙烯管　　B. 钢管　　C. 聚乙烯管或钢管　　D. 其他

答案：C

60. 拦蓄冲洗分为(　　)种。

A. 2　　B. 3　　C. 4　　D. 5

答案：A

61. 造成3人以下死亡或造成10人以下重伤(包括中毒)；造成100万以上1000万元以下直接经济损失的为(　　)级突发事故。

A. Ⅰ　　B. Ⅱ　　C. Ⅲ　　D. Ⅳ

答案：D

62. 造成30人以上死亡或造成100人以上重伤(包括中毒)为(　　)级突发事故。

A. Ⅰ　　B. Ⅱ　　C. Ⅲ　　D. Ⅳ

答案：A

63. 通过数据采集，数据整合接入气象、交通、(　　)等部门建立汛情数据库、监测数据库、基础地形数据库、管线设施数据库、案例数据库、专题数据库。

A. 施工　　B. 建设　　C. 设计　　D. 城管

答案：D

64. (　　)包括视频会商系统、指挥调度分析、防汛决策支持。

A. 指挥　　B. 指挥调度决策　　C. 调度　　D. 决策

答案：B

65. 网络环境建设是实现防汛各职能部门的网络互联，实现无线防汛终端、视频监控、监测设备的无线网络互联的(　　)。

A. 采集中心　　B. 无线数据　　C. 无线终端　　D. 指挥平台

答案：D

66. 地理信息系统强调分析，通过利用(　　)解析式模型来分析空间数据。

A. 时间　　B. 数字　　C. 空间　　D. 虚拟

答案：C

67. 拓扑空间查询和分析是对(　　)基本元素相互之间的关系进行分析处理。

A. 点、线　　B. 线、面　　C. 点、线、面　　D. 点、面

答案：C

68. 地理信息系统系统兼备管网基础设施资料的查询统计功能，通过数字化的方式管理管网设施数据，极大提高了管理工作(　　)。

A. 成本　　B. 模拟　　C. 时长　　D. 效率

答案：D

69. 拓扑空间查询和分析是(　　)其拓扑特征。

A. 拓展　　B. 抓取　　C. 采集　　D. 提取

答案：D

70. 管网运行养护管理系统包括设施管理、运行监控、(　　)等功能，实现排水设施全生命周期管理。

A. 设备管理　　B. 监控中心　　C. 养护管理　　D. 设备管理

答案：C

71. 城市排水系统需要通过检查井、排水管道和(　　)三个图层来表达，分别含有点、线、面要素。

A. 流域　　B. 流量范围　　C. 流域面积　　D. 流域范围

答案：D

72. 由相互平行的投影线所产生的投影，叫(　　)投影。

A. 平行　　B. 中心　　C. 正　　D. 斜

答案：A

73. 拓扑空间利用地理信息系统的拓扑(　　)查询和分析功能，可以构建一系列拓扑关系。

A. 空间　　B. 时间　　C. 时间和空间　　D. 时间或空间

答案：A

74. 以下是排水管道严禁采用上跨障碍物的敷设方式的是(　　)。

A. 压力流　　B. 引力流　　C. 重力流　　D. 非压力力流

答案：C

75. 网络环境建设是实现防汛各职能部门的网络互连，实现指挥平台与(　　)、视频监控、监测设备的无线网络互连。

A. 采集中心　　B. 无线数据　　C. 无线防汛终端　　D. 软件平台

答案：C

76. 地理信息系统系统兼备管网基础设施资料的查询统计功能，通过数字化的方式管理管网设施数据，极大提高了管理工作(　　)。

A. 成本　　B. 效果　　C. 合理性　　D. 效率

答案：D

二、多选题

1. 城市排水管网地理信息系统建设遵循(　　)的原则。

A. 整体规划　　B. 分步实施　　C. 循序渐进　　D. 逐步提升

答案：ABCD

2. 水的流态分为(　　)。

A. 层流　　B. 湍流　　C. 过渡流

D. 紊流　　E. 缓流

答案：ABD

3. 在非满流管渠水力计算的基本公式中，变量有(　　)。

A. q　　B. d　　C. h

D. i　　E. v

答案：ABCDE

4. 图纸上(　　)的方向，以图纸指北针为准，一般为上北，下南，左西，右东。

A. 地形　　B. 地物　　C. 地貌　　D. 地标

答案：ABC

5. 竣工图的编制要求包括(　　)。

A. 凡按施工图施工没有变动的，由竣工图编制单位在施工图图签附近空白处加盖并签署竣工图章

B. 凡一般性图纸变更，编制单位可根据设计变更依据，在施工图上直接改绘，并加盖及签署竣工图章

C. 用于改绘竣工图的图纸必须是新蓝图或绘图仪绘制的白图，可以使用复印的图纸

D. 编制竣工图必须编制各专业竣工图的图纸和目录，绘制的竣工图必须准确、清楚、完整、规范，修改必须到位，真实反映项目竣工验收时的实际情况

答案：ABD

6. 竣工图标志应有明显的“竣工图”字样章(签)，它是竣工图的依据。要按规定填写图章(签)上的内容，包括(　　)等基本内容。

A. 绘制单位名称　　B. 审核人　　C. 编制人　　D. 规格

答案：ABCD

7. 制图的步骤包括(　　)。

A. 图面布置　　B. 画底图　　C. 加深图线　　D. 构思大纲

答案：ABC

8. 竣工图的编制必须做到(　　)，图面应清晰，并符合长期安全保管的档案要求。

A. 准确　　B. 及时　　C. 清楚　　D. 完整

答案：ABD

9. 利用施工图改绘竣工图基本的方法有(　　)。

A. 手绘更改法　　B. 杠改法　　C. 贴图更改法　　D. 标注更改法

答案：BC

10. 跌水井的形式有(　　)。

A. 竖管式　　B. 竖槽式　　C. 阶梯式　　D. 混合式

答案：ABC

11. 常见的截流井形式有(　　)。

A. 堰式　　B. 槽式　　C. 槽堰结合式　　D. 沟式

答案：ABC

12. 闸井一般设于(　　)部位

A. 截流井内　　B. 倒虹吸管上游　　C. 沟道下游出水口　　D. 沉泥井

答案：ABC

13. 闸井一般有(　　)。

A. 叠梁板闸　　B. 单板闸

C. 人工启闭机开启的整板式闸口　　D. 电动启闭机闸

答案：ABCD

14. 污水管道污水中的有机物，在一定温度与缺氧条件下，厌气发酵分解产生(　　)等有毒有害气体。

A. 甲烷　　B. 硫化氢　　C. 二氧化碳　　D. 氨气

答案：ABCD

15. 以下不是连接管的一般坡度的是(　　)。

A. 0.01　　B. 0.03　　C. 0.05　　D. 0.07

答案：BCD

16. 溢流井一般不用于(　　)管道。

A. 雨水　　B. 污水　　C. 合流　　D. 再生水

答案：ABD

17. 以下不宜设置沉泥槽的深度是(　　)。

A. 0.1～0.3m　　B. 0.2～0.3m　　C. 0.3～0.4m　　D. 0.3～0.5m

答案：ABC

18. 以下便于人员检修出入安全与方便的井室直径是(　　)。

A. 0.8m　　B. 0.9m　　C. 1m　　D. 1.1m

答案：ABD

19. 常见的截流设施结构形式包括(　　)。

A. 堰式截流　　B. 漏斗式截流　　C. 槽式截流　　D. 槽堰结合式截流

答案：ABCD

20. 弧形素土基础适用于无地下水、原土能挖成弧形的干燥土壤，管道直径小于600mm的(　　)，管顶覆土厚度在0.7～2.0m的污水管道，不在车行道下的次要管道及临时性管道。

A. 混凝土管　　B. 钢筋混凝土管　　C. 陶土管　　D. 铁管

答案：ABC

21. 排水管线的材质分类有复合管、新型材料管、(　　)。

A. 球墨铸铁管　　B. 钢管与镀锌钢管　　C. 混凝土管　　D. 塑料管

答案：ABCD

22. 混凝土和钢筋混凝土管便于就地取材，可以在专门的工厂预制，也可在现场浇筑，制造方便。而且可根据抗压的不同要求，制成(　　)等，因此在排水管道系统中得到普遍应用。

A. 无压管　　B. 高压管　　C. 低压管　　D. 预应力管

答案：ACD

23. 陶土管又称缸瓦管，是由塑性黏土制成的。根据需要可制成(　　)陶土管。

A. 无釉　　B. 单面釉　　C. 双面釉　　D. 特种耐酸

答案：ABCD

24. 陶土管一般制成圆形断面，有(　　)的形式。

A. 承插式　　B. 平口式　　C. 尖口式　　D. 凹口式

答案：AB

25. 雨水明渠设计包括(　　)、跌水。

A. 断面　　B. 流速　　C. 超高　　D. 折角与转弯

答案：ABCD

26. 混凝土管和钢筋混凝土管适用于排除(　　)的无压力流管道。

A. 雨水　　B. 生产污水　　C. 工业废水　　D. 生活污水

答案：ACD

27. 城市排水管网地理信息系统建设遵循(　　)的原则。

A. 整体规划　　B. 分步实施　　C. 逐步提升　　D. 循序渐进

答案：ABCD

28. 流量测量设备按结构原理可分为(　　)。

A. 堰槽式流量计　　B. 容积式流量计　　C. 推理式流量计　　D. 电磁式流量计

答案：ABC

29. 目前国家尚未对清疏污泥的处理处置制定统一标准，借鉴国内外成熟项目，处理标准为(　　)。

A. 清疏污泥无害化、减量化、资源化　　B. 最终污泥含水率≤40%，便于装载运输

C. 有机质含量≤10%，便于填埋处理　　D. 红菌技术的应用

答案：ABC

30. 城市安全度汛汛前准备工作包括(　　)。

A. 编制防汛保障方案和汛情预警响应预案　　B. 编制重点地区、桥区防汛抢险预案

C. 组织防汛人员相关技能培训　　D. 排查防汛软硬件设施隐患

答案：ABCD

31. 检测技术中，传统检测方法包括(　　)。

A. 观察法　　B. 量泥斗检测法　　C. 反光镜法　　D. 潜水检查法

答案：ABCD

32. 管道外检测技术包括(　　)。

A. 探地雷达法　　B. 撞击回声法　　C. 表面波光谱分析法　　D. 北斗定位检测

答案：ABC

33. 管道整体修复包括(　　)。

A. 现场固化内衬　　B. 螺旋内衬　　C. 短管及管片内衬

D. 牵引内衬　　E. 更换管道

答案：ABCD

34. 设施损坏因素包括(　　)。

A. 使用损坏　　B. 强度损坏　　C. 自然损坏　　D. 机械损坏

答案：ABC

35. 管道内窥检测技术包括(　　)。

A. 闭路电视检测系统　　B. 管道声呐检测　　C. 管道潜望镜检测

D. 激光检测　　E. 下井检测

答案：ABCD

36. 生产计划管理是指对排水设施日常生产活动的(　　)全过程管理工作。

A. 计划　　B. 执行　　C. 组织　　D. 控制

答案：ACD

37. 造成10人以上30人以下死亡或造成50人以上100人以下重伤(包括中毒)；造成5000万元以上1亿元以下直接经济损失的，不属于(　　)地下管线突发事故。

A. 特别重大　　B. 重大　　C. 较大　　D. 一般

答案：ACD

38. 硬件平台建设包括机房装修、服务器(数据库服务器、应用服务器、地理信息系统服务器)、存储备份、网络安全、工作站等设备，(　　)等监测设备部署，防汛手机、PDA移动终端，防汛指挥车等移动设备。

A. 雨量计　　B. 水位计　　C. 视频探头　　D. 特殊仪器

答案：ABC

39. 通过数据采集，数据整合接入(　　)等部门建立汛情数据库、监测数据库、基础地形数据库、管线设施数据库、案例数据库、专题数据库。

A. 气象　　B. 建设　　C. 交通　　D. 城管

答案：ACD

40. 地理信息系统(GIS)广泛应用于(　　)、交通安全等领域，成为一个跨学科、多方向的研究领域。

A. 资源调查　　B. 环境评估　　C. 区域发展规划　　D. 公共设施管理

答案：ABCD

41. 管网运行养护管理系统包括(　　)等功能，实现排水设施全生命周期管理。

A. 设施管理　　B. 运行监控　　C. 养护管理　　D. 设备管理

答案：ABC

42. 地理信息系统是管网信息化管理体系的核心，包括(　　)、纸质的竣工图纸、其他相关数据。

A. 基础地形图数据　　B. 管网空间数据　　C. 管网属性数据　　D. 管网档案数据

答案：ABCD

43. 拓扑空间查询和分析是对(　　)基本元素相互之间的关系进行分析处理。

A. 点　　B. 线　　C. 空间　　D. 面

答案：ABD

三、简答题

1. 水流运动的基本概念有哪些？

答：(1)水的流态；(2)压力流与重力流；(3)恒定流与非恒定流；(4)均匀流与非均匀流；(5)水流的水头与水头损失。

2. 古代在城垣中布置的排水系统，在商周时期已经逐步形成的基本方式是什么？

答：第一种方式是排水系统的主干线采用明渠，沿主干线接收两旁的排水管道、支沟的排水后，当主干线的排水明渠，在穿过城墙下的水关时采用排水暗沟，然后再接入尾闾河渠。第二种方式是排水系统的主干线采用管道、暗沟，沿干管接收支线的排水后，直接穿过城墙排入护城河。

3. 什么叫合流制管道系统？

答：合流制管道系统在上中游用一条管道收集所有污水和雨水，在中下游末端修筑用于截流污水的管道，把日常污水输送至污水处理厂，在降雨期，混合雨污水将污水稀释到一定程度溢流排入河道。

第三节　操作知识

一、单选题

1. 橡胶、塑料材质的防护手套使用后应冲洗干净并晾干，保存时避免高温，必要时在手套上撒(　　)以防黏连。

A. 玉米淀粉　　B. 面粉　　C. 滑石粉　　D. 白粉

答案：C

2. 气体检测仪要放置在常温、干燥、(　　)环境中，避免暴晒。

A. 阴凉　　B. 潮湿　　C. 密封　　D. 通风

答案：C

3. 在易燃易爆工作场所，应穿着(　　)。

A. 防尘服　　B. 防毒服　　C. 非化纤防护服　　D. 反光服

答案：D

4. 选择风机场地气流必须能够克服整个系统的阻力，包括通过抽风罩、支管、(　　)连接处的压损。

A. 抽风扇　　B. 主线　　C. 弯管机　　D. 制风机管

答案：C

5. 应急充泄阀是一个红色旋钮，当供气阀意外发生故障时，通过手动旋钮旋动(　　)圈，即可提供正常的空气流量。

A. 1/2　　B. 1/3　　C. 1/4　　D. 1/5

答案：A

6. 瓶阀都有安全螺塞，内装(　　)，瓶内气体超压时会自动爆破泄压。

A. 铝合金片　　B. 安全膜片　　C. 铁片　　D. 纤维膜片

答案：B

7. 关于三脚架操作规程错误的是(　　)。

A. 使用前检查各零部件是否完后、有无松动，检查正常后方可使用

B. 装好滑轮组、防坠器，工作人员穿戴好安全带后与滑轮组连接妥当

C. 将工作人员缓慢送入作业空间中

D. 拆下滑轮组、防坠器，拔出定位销，直接将设备存入库中

答案：D

8. 三脚架的安全带须(　　)养护1次。

A. 3天　　B. 5天　　C. 7天　　D. 10天

答案：C

9. 三脚架的绞盘等旋转部位加注润滑油(　　)养护1次。

A. 1周　　B. 2周　　C. 3周　　D. 4周

答案：D

10. 安全梯是作业人员上下地下井、坑、管道、容器等的通行器具，安全梯可分为(　　)种。

A. 1　　B. 2　　C. 3　　D. 4

答案：C

11. 下列不属于移动式发电机结构的是(　　)。

A. 外壳　　B. 油箱　　C. 发动机　　D. 启动拉绳

答案：C

12. 新入职的排水管网从业人员上岗前需接受不少于(　　)学时的安全生产教育和培训。

A. 8　　B. 12　　C. 24　　D. 36

答案：C

13. 排水管网单位主要负责人、安全生产管理人员、从业人员每年应接受不少于(　　)学时的在岗安全生产教育和培训。

A. 8　　B. 12　　C. 24　　D. 36

答案：A

14. 排水管网从业人员若存在换岗或离岗6个月以上再次回到原岗位的，上岗前应接受不少于(　　)学时的安全生产教育和培训。

A. 4　　B. 6　　C. 8　　D. 12

答案：A

15. 泵吸式气体检测是将有限空间内的气体抽至检测仪内，采样泵的抽力必须满足仪器对(　　)的需求。

A. 时间　　B. 空间　　C. 流量　　D. 气体

答案：C

16. 以下有关防护鞋在应用过程中做法错误的是(　　)。

A. 防护鞋应在进入工作环境前穿好

B. 防护鞋应定期进行更换

C. 随意修改安全鞋的构造，不影响其防护性能

D. 非化学防护鞋在使用过程中应避免接触腐蚀性化学物质，一旦接触后应及时清除

答案：C

17. 以下有关空气呼吸器的日常检查维护错误的是(　　)。

A. 系统放气：首先关闭气瓶阀，然后轻轻打开充泄阀，放掉管路系统中的余气后再次关闭充泄阀

B. 部件检查：检查供气阀、面罩、背托；检查气瓶表面有无碰伤、变形、腐蚀和烧焦；检查瓶口钢印上最近一次的静水测试日期，以确保它是在规定的使用期内

C. 在给气瓶充气前要检测气瓶的使用年限，超过气瓶使用寿命的允许少量充气

D. 自行充气前需仔细检查充气泵油位线、三角皮带、高压软管等是否存在异常

答案：C

18. 整套雨水箅子发生损坏、位移、沉陷等现象时，将路面按施工所需尺寸切割开，深度控制在(　　)为宜，或考虑可以凿除旧雨水箅子及模口深度为准。

A. 5~10cm　　B. 10~15cm　　C. 15~20cm　　D. 20~25cm

答案：C

19. 打开冲洗枪阀门，推进快速接头的球阀，水分(　　)排出。

A. 1/3　　B. 全部　　C. 1/2　　D. 不用

答案：B

20. 打开冷天循环系统回路的阀门，放出回水管中的水，此阀门可以一直保持(　　)状态，直到下一次使用。

A. 关闭　　B. 打开　　C. 半打开　　D. 半关闭

答案：B

21. 吸污车作业前准备，需确认真空罐液压门处于(　　)状态。

A. 打开　　B. 锁闭　　C. 半打开　　D. 半锁闭

答案：B

22. 机械绞车疏通操作时，一般设置清掏人员(　　)。

A. 2 名　　B. 3 名　　C. 4 名　　D. 5 名

答案：A

23. 水泵安装中，连接水泵与排水软管时需要(　　)配合完成。

A. 2 人　　B. 3 人　　C. 4 人　　D. 2～3 人

答案：A

24. 水泵搬运与检查中，搬运水泵及电缆应(　　)配合完成。

A. 2 人　　B. 3 人　　C. 4 人　　D. 2～3 人

答案：A

25. 人力掏挖配合地下有限空间作业时，现场负责人为(　　)。

A. 1 人　　B. 2 人　　C. 3 人　　D. 4 人

答案：A

26. 人力掏挖配合地下有限空间作业时，进入有限空间内的为(　　)。

A. 1 人　　B. 2 人　　C. 3 人　　D. 1～2 人

答案：D

27. 以下属于高压射流车配套工具的是(　　)。

A. 护管　　B. 球阀扳手　　C. 金属吸管扶手　　D. 手持导轮

答案：A

28. 机械绞车配套工具有(　　)。

A. 吸管　　B. 球阀扳手　　C. 金属吸管扶手　　D. 手持导轮

答案：D

29. 绞车配套工具有(　　)。

A. 护管　　B. 井口导轮支架　　C. 金属吸管扶手　　D. 手持导轮

答案：D

30. 高压射流车疏通操作规程中，关于冬季放水操作描述错误的是(　　)。

A. 打开水罐最下方的阀门，将罐内的水全部放干净

B. 打开“Y”型过滤器的端盖，取出滤网，将水排干；此时可以不将端盖和滤网装回，直到下一次使用

C. 将水罐抬起，稍有倾斜，有助于排空罐内水分

D. 打开高压软管的阀门；按照通常顺序开启 PTO，运行水泵大约 50s；将水泵上方的气阀接入车辆底盘的压缩空气，使泵体和高压软管的水分吹出(此时必须确保高压软管末端不能安装喷头)

答案：D

31. 人工掏挖操作，对作业现场进行安全隔离并设置(　　)。

A. 危害警示牌　　B. 企业告知牌

C. 警示标识　　D. 危害警示牌与企业告知牌

答案：D

32. 以“阿奎泰克”联通车为例，有关其作业中的操作规程描述错误的是(　　)。

A. 布置水车：将高压射流车行驶至冲洗检查井位置，卷管器(胶管轮盘)延管道中心线垂直于检查井上方，手动或控制卷管器操纵杆(按钮)调整卷管器(胶管轮盘)位置，将卷管器调整至检查井上方与管道中心线顺向垂直

B. 开户取力器：一般为踩下离合器，挂高挡，手动开启取力器装置

C. 制动车辆安装型号喷头：手刹制动车辆，根据不同管径选择适用型号的喷头

D. 安装护管与井口导轮支架：在高压胶管上套护管保护，避免管口摩擦高压胶管；在检查井口设置导轮支架，不防止检查井口摩擦高压胶管；然后将喷头置于要冲洗的管道内

答案：D

33. 以通用型人力绞车为例，下列有关其工作中的操作规程描述错误的是(　　)。

A. 设置穿管器：利用穿针引线方式将穿管器从下游管口穿至上游管口，连接主绞车钢丝绳后，原位抽出

穿管器，将主绞车钢丝绳带出下游管口

B. 安装疏通器具：将疏通器具(松泥耙、簸箕、刮泥板)前端连接主绞车钢丝绳，尾端连接辅助绞车钢丝绳后，放入下游管口内

C. 设置手持导轮/导向支架：钢丝绳置于手持导轮下方，导轮上方平面顶紧管顶内壁；钢丝绳置于三角导轮下方，单杆顶紧管口上方 10cm 处

D. 疏通取泥：将主绞车钢丝绳放置卡管滑轮上方，人工转动主绞车动力轴把手；将疏通器具从上游管口牵引至下游管口，利用掏锹将推出管口的污泥掏挖出检查井

答案：A

34. 以下不属于人工掏挖操作配套设备的是(　　)。

A. 气体检测仪　　B. 全身安全带　　C. 有线手持　　D. 防爆轴流风机

答案：C

35. 点状缺陷通常是指其纵向延伸长度不大于(　　)的缺陷，环向长度可不必考虑，常见的缺陷如渗漏、密封材料脱落等。

A. 0.5m　　B. 1m　　C. 2m　　D. 3m

答案：A

36. 喷涂施工前应使环境温度保持在(　　)及以上、相对湿度小于 85%，基层表面温度不低于 15℃，必要时可利用间接式加热器对基层进行烘干。

A. 5℃　　B. 6℃　　C. 8℃　　D. 10℃

答案：A

37. 剔凿除内腰箍，深度视漏水情况而定，但不少于 8~10cm，槽宽(　　)左右。

A. 5cm　　B. 8cm　　C. 10cm　　D. 15cm

答案：A

38. (　　)缝隙，采用水泥加快凝剂(俗称“快燥精”)方法进行嵌补。

A. 0~3mm　　B. 1~3mm　　C. 2~4mm　　D. 1~5mm

答案：B

39. (　　)缝口，采用快速堵水砂浆填嵌后再用聚氨酯注射充实封闭。

A. 0~8mm　　B. 1~7mm　　C. 1~10mm　　D. 4~10mm

答案：D

40. 热固化性树脂材料不符合的要求是(　　)。

A. 固化后须达到设计强度

B. 具有良好的耐久性、耐腐蚀、抗拉伸、抗裂性

C. 与聚酯纤维毡内衬软管有良好的相容性

D. 与热固性树脂有良好的相容性

答案：D

41. (　　)缝口，(接口未脱节错位的)用“三刚三柔”工艺嵌缝修补。

A. 11~30mm　　B. 10~20mm　　C. 15~30mm　　D. 10~30mm

答案：A

42. 水位低于管道直径(　　)位置或无水时，镜头中心应保持在被检测管道圆周中心。

A. 1/4　　B. 1/3　　C. 2/5　　D. 1/2

答案：B

43. QV 检测(管道潜望镜检测)设备拍摄不需要做的准备是(　　)。

A. 设置作业区维护，打开井盖，目测管口中心点至井底的距离，调整支撑杆至合适高度

B. 打开设备电源进行自检，检查各项控制功能是否有效，图像质量是否清晰

C. 调整手持杆的长度，使之和井深相匹配

D. 选定检查井周边可视范围内的固定参照物作为标志物

答案：D

44. 内衬蠕变应符合设计要求，检查方法是每批次材料至少(　　)次应在施工场地使用内径与修复管段相同的试验管道(譬如硬质聚氯乙烯管)制作局部内衬。

A. 1　　B. 2　　C. 3　　D. 5

答案：A

45. 在入口工作坑上固定折叠管盘管，用导入管连接接收坑穿过钢丝绳接口，在接收坑上用槽钢将穿管卷扬机固定好，由卷扬机将折叠管拖过老管，在工作坑和接收坑中预留工作损耗管为(　　)。

A. 2%~8%　　B. 3%~8%　　C. 4%~8%　　D. 5%~8%

答案：D

46. 管道修复工作中，土体注浆技术要求管节纵向注浆孔布置(管内向外)为：管材长度 1.5~2 m 时，纵向注浆孔在管缝单侧(　　)处。

A. 10cm　　B. 20cm　　C. 30cm　　D. 40cm

答案：C

47. 管节横断面注浆孔布置(管内向外)：管径小于或等于 1600mm 时，布置四点，分别为时钟位置 2、(　　)、7、10 处。

A. 1　　B. 3　　C. 4　　D. 5

答案：D

48. 304 号不锈钢具有良好的延展性，易冷加工成型，抗拉强度好，相当于碳钢(　　)。

A. 6.5　　B. 6.8　　C. 7　　D. 8

答案：B

49. 推入外径比水泥管内径小(　　)的缠绕短管，定位割开，用专用工具撑开，使短管紧贴水泥管，再嵌入衬片进行热熔焊接，依次排入接口错开即可。

A. 2~6cm　　B. 3~8cm　　C. 5~8cm　　D. 5~10cm

答案：C

50. 大中口径管道修复技术采用(　　)或三片法进行修复。

A. 一片法　　B. 二片法　　C. 四片法　　D. 五片法

答案：B

51. 外加剂的检验要求中规定：同厂、同标号水泥以每(　　)为一检验批，不足者以一批计，每批检验不少于一次。

A. 50t　　B. 40t　　C. 30t　　D. 20t

答案：A

52. 注浆压力控制在(　　)，每根注浆量控制在 0.5~1m^3。注浆量必须达到平均方量，以确保土体内饱和状态。

A. 0.2~1MPa　　B. 0.3~1MPa　　C. 0.4~1MPa　　D. 0.5~1MPa

答案：A

53. 树脂固化期间气囊内压力应保持在(　　)，保证毡筒紧贴管壁。

A. 1.6Bar　　B. 1.5Bar　　C. 1.4Bar　　D. 1.2Bar

答案：B

54. 在挖土快到槽底时，务必预留底土(　　)，待做基础前再用人工挖去、整平。

A. 20cm　　B. 30cm　　C. 45cm　　D. 60cm

答案：A

55. 槽边单面堆土高度不得高于(　　)，离沟槽边不得小于 1.2m，一般施工机具距离沟槽边不得小于 0.8m，并应停放平稳，确保施工安全。

A. 2m　　B. 5m　　C. 10m　　D. 12m

答案：A

56. 下列不属于医疗急救的管理的是(　　)。

A. 展开卫生防病教育，准备必要的医疗设施

B. 配备经过培训的急救人员，有急救措施、急救器材和保健医药箱

C. 在现场办公室的显著位置张贴急救车和有关医院的电话号码等

D. 定期对有关人员进行消防教育，落实消防措施

答案：D

57. (　　)是以土方作业中保持槽坡稳定或加固槽帮后有利于以后工序安全施工的一种方法。

A. 支架　　B. 支撑　　C. 支柱　　D. 稀撑

答案：B

58. 一般撑板材料为(　　)厚的木板，立木或横木材料为 15cm × 15cm 断面的方木，撑木一般采用圆撑木时，其小头直径为 10 ~ 15cm。

A. 2 ~ 10cm　　B. 5 ~ 6cm　　C. 8 ~ 13cm　　D. 10 ~ 12cm

答案：B

59. 管道基础是考虑与沟管联合受力的作用，管座(护管)的中心包角一般采用(　　)。

A. 110°　　B. 115°　　C. 125°　　D. 135°

答案：D

60. 承插管水泥砂浆接口一般适合管径(　　)的接口。

A. ≤200mm　　B. ≤500mm　　C. ≤600mm　　D. ≤800mm

答案：C

61. 环氧树脂胶配制方法是环氧树脂: 苯二甲酸二丁酯: 乙二胺 = 1:0.15:0.08，施工气温大于(　　)。

A. 3℃　　B. 5℃　　C. 8℃　　D. 10℃

答案：D

62. 管壁两侧部位填土时，应对称填筑，每层填筑高度应在(　　)，分层夯实，两边高差不得超过 30cm，以防管道位移。

A. 5 ~ 10cm　　B. 10 ~ 15cm　　C. 15 ~ 20cm　　D. 35 ~ 40cm

答案：C

63. 卸土不得直接卸在管道接口上。在管顶以上(　　)范围以内，每层厚度不宜超过 30cm(松厚)，同样必须分层夯实整平，宜用小型夯土机具进行夯实，以防损坏管道接口。

A. 15cm　　B. 25cm　　C. 35cm　　D. 50cm

答案：D

64. 当回填土高度超过管顶以上(　　)时，方可使用碾压机械进行碾压。

A. 1. 2m　　B. 1. 5m　　C. 2. 5m　　D. 3. 5m

答案：B

65. 若路面需随即修复，则在沟身两侧及沟顶以上(　　)范围内，应均匀回填粗砂，洒水振实拍平。

A. 15cm　　B. 25cm　　C. 35cm　　D. 50cm

答案：D

66. 初喷厚度通常控制在(　　)，而后再分层喷射，直至达到设计厚度位置。

A. 3 ~ 5cm　　B. 6 ~ 8cm　　C. 9 ~ 10cm　　D. 11 ~ 13cm

答案：A

67. 钢筋先在外加工好，径级大于(　　)的钢筋长度不能太长，约 3m 左右，否则难以通过检查井运入洞内。

A. 5mm　　B. 6mm　　C. 10mm　　D. 12mm

答案：D

68. 用 1:2 的水泥砂浆在内壁面进行压光、浆面。抹面时务必要做到平整、光滑，洒水养护工作可以在砼凝结后进行，(　　)为适宜的养护时间。

A. 6d　　B. 10d　　C. 14d　　D. 15d

答案：C

69. 工程量核算要以(　　)为原则。

A. 规则性、计划性　　B. 准确性、计划性

C. 准确性、规则性　　　　D. 准确性、规则性、计划性

答案：C

70. 计算工程量时应注意按(　　)所列项目的工程内容和计量单位，必须与相应的工程量计算规则中相应项目的工程内容和计量单位一致，不得随意改变。

A. 设计图纸　　B. 建筑图纸　　C. 现场图纸　　D. 施工图纸

答案：A

71. 对于结构比较复杂的工程量，为了方便计算和复核，有些分项工程可按施工图(　　)的方法计算。

A. 顺序编号　　B. 分段计算　　C. 分层计算　　D. 轴线编号

答案：D

72. 建筑工程预算定额中大多数用扩大定额(按计算单位的倍数)的方法计算，即“$100m^3$”“$10m^3$”“$100m^2$”“100m”等，如门窗工程量定额以“(　　)”来计量。

A. $100m^2$　　B. $10m^2$　　C. 100m　　D. $100m^3$

答案：A

73. 工程量是按每一分项工程，根据设计图纸计算的。计算时所采用的数据，都必须以施工图纸所示的尺寸为标准进行计算，不得任意(　　)各部位尺寸。

A. 更改　　B. 变化　　C. 加大或缩小　　D. 增加

答案：C

74. 统计报表是对一定时间内工作信息的统计，在填写时有(　　)要求，填写内容要反映当期的实际工作情况，在统计周期末要及时填写报送。

A. 准确性　　B. 有效性　　C. 及时性　　D. 合理性

答案：C

75. 根据工程计价的方式不同(定额计价或工程量清单计价)，计算工程量应选择(　　)的工程量计算规则，编制施工图预算，应按预算定额及其工程量计算规则算量。

A. 相应　　B. 固定　　C. 对应　　D. 已知

答案：A

二、多选题

1. 橡胶绝缘手套须保存在(　　)等环境中，选择较暗的阴凉场所存储。

A. 无阳光直晒　　B. 潮湿　　C. 药品　　D. 水

答案：ABCD

2. 供气阀总成由(　　)组成。

A. 节气开关　　B. 应急充泄阀　　C. 凹形接口　　D. 插板

答案：ABD

3. 护目镜可分为(　　)。

A. 防尘镜　　B. 防弧光辐射镜　　C. 防冲击眼镜　　D. 防化学眼镜

答案：ABCD

4. 根据不同的作业需求，劳保服适用于(　　)及低温作业等环境，各种防护机理不尽相同。

A. 高温作业　　B. 电磁辐射　　C. 化学药剂　　D. 静电危害

答案：ABCD

5. 气体检测仪要放置在(　　)环境中，避免暴晒。

A. 常温　　B. 干燥　　C. 密封　　D. 通风

答案：ABC

6. 选择风机场地气流必须能够克服整个系统的阻力，包括通过(　　)连接处的压损。

A. 抽风罩　　B. 支管　　C. 弯管机　　D. 制风机管

答案：ABC

7. 安全梯是作业人员上下地下井、坑、管道、容器等的通行器具，安全梯可分为(　　)。

A. 直梯　B. 软梯　C. 折梯　D. 立梯

答案：ABC

8. 搬运水泵应该注意(　　)。

A. 避免磕碰　B. 放置平稳　C. 随心随意　D. 相互抛扔

答案：AB

9. 绞车配套工具包括(　　)。

A. 主车转动把手　B. 绞车转动把手　C. 手持导轮　D. 管口三角导向支架

答案：CD

10. 雨水口整修操作规程的一般规定有(　　)。

A. 雨水口应与道路工程配合施工

B. 雨水口位置不需按道路设计图确定

C. 施工中应对雨水口加盖保证安全

D. 应按雨水口位置及设计要求确定雨水支线管的槽位

答案：ACD

11. 下列关于高压射流车冬季放水操作描述正确的是(　　)。

A. 打开水罐最下方的阀门，将罐内的水部分放干净

B. 打开"Y"型过滤器的端盖，取出滤网，将水排干；此时可以不将端盖和滤网装回，直到下一次使用

C. 将水罐抬起，稍有倾斜，有助于排空罐内水分

D. 打开冲洗枪阀门，推进快速接头的球阀，将水分全部排出

答案：BCD

12. 吸污车抽排操作中，有关压送操作描述正确的是(　　)。

A. 打开回收罐后方的排出阀

B. 通过车辆右侧操作盘处的调速阀(外接油门)将发动机的转速调节到排出作业时所需要的转速

C. 将转换阀慢慢地扭转至"压送"状态

D. 将转换阀慢慢地扭转至"吸引"状态

答案：ABCD

13. 下列不属于绞车配套工具的是(　　)。

A. 护管　B. 井口导轮支架　C. 金属吸管扶手　D. 手持导轮

答案：ABD

14. 砖砌封堵法包括(　　)。

A. 管道内水量较大或水位较深时，可在上游管段利用管塞、挡板、麻袋等进行临时封堵，必要时配合导水措施，有效降低下游水流量

B. 封堵前先将井底、井壁的污泥清除干净

C. 砌筑材料采用水泥拌黏土或快干水泥等

D. 皮堵安装在上游管口并且全部没入管内，系牢安全绳，固定在井上

答案：ABC

15. 接口裂缝及轻度错口处理方法包括(　　)。

A. 1～3mm 缝隙，采用水泥加快凝剂(俗称"快燥精")方法进行嵌补

B. 4～10mm 缝口，采用快速堵水砂浆填嵌后再用聚氨酯注射充实封闭

C. 11～30mm 缝口，接口未脱节错位的，用"三刚三柔"工艺嵌缝修补

D. 接口有轻度错位，用先封浆后注浆方法将稍有沉落的一节管道抬升起来，缩小错位高差值，稳定后采用"三刚三柔"工艺嵌缝借平

答案：ABCD

16. 热固化性树脂材料必须符合的要求有(　　)。

A. 固化后须达到设计强度

B. 具有良好的耐久性、耐腐蚀、抗拉伸、抗裂性

C. 与聚酯纤维毡内衬软管有良好的相容性

D. 与热固性树脂有良好的相容性

答案：ABC

17. 人工井下拆除封堵时应遵守的操作要求有(　　)。

A. 实施导水措施降低上游液位，确保拆堵后水流量对人员无影响

B. 应彻底拆除封堵，恢复管道平整度，避免遗留残墙、坝根等病害

C. 拆除封堵后应将封堵材料及时清理，避免遗留

D. 以上都不对

答案：ABC

18. 边线法以管道外边线作为控制排管基线的方法，以下有关描述正确的是(　　)。

A. 在相邻两检查井处高程样板上定出正确的管道中心线，并拉上一线，以示中心位置

B. 管道中心线定出后，在该节管道的两端率先排两只沟管，其标高、方向和中心位置均符合设计

C. 已排两管间拉一条定位外边线，其高度在管(承口)外壁1/2高度处，离管(承口)外壁1cm，为使沟管移动时不至于碰线

D. 按已拉边线为基准，其他管排管时只要使沟管外壁最外处与该边线的距离保持一致(1cm)，则表示管道已处于中心位置

E. 高度按龙门板样板测设方法

答案：BCDE

19. 以下有关顶管法描述正确的是(　　)。

A. 当倒虹吸管穿越地下管线、构筑物等障碍物，而不能开挖的情况下，以及河道较宽、倒虹吸管深度较深时，宜采用顶管法进行倒虹吸管施工

B. 一般情况下，在出水井位置设置顶进工作坑，在进水井位置设置接收工作坑，即管道由出水井向进水井方向顶进

C. 管道顶进的坡度，由进水井向出水井方向落水

D. 为防止河水穿透倒灌，顶管的工作坑与接收坑应与河岸保持一定的安全距离

E. 将沟管接口处洗刷干净并湿润

答案：ABCD

20. 以下有关管道接口的操作正确的是(　　)。

A. 沟管接口处必须清洗干净，必要时应凿毛

B. 接口完成后，及时进行质量检查，发现情况必须及时处理，情况严重时应凿除重打

C. 用沥青麻丝嵌实缝隙时，如有污染管口和管壁应予以清除

D. 建议钢筋混凝土承插管采用“O”型橡胶圈接口，钢筋混凝土企口管采用“q”型橡胶圈接口，有利于耐酸、耐碱、耐油的要求

答案：ABCD

21. 以下有关交通组织措施正确的是(　　)。

A. 管道施工对于作业区域内及周边交通造成影响的，应根据交通现状编制交通组织措施，作出交通组织安排

B. 根据施工安排划分交通组织实施阶段，确定各实施阶段的交通组织形式及人员配置、绘制各实施阶段的交通组织平面示意图

C. 确定施工作业影响范围内主要交通路口及重点区域的交通疏导方式，在疏导示意图体现出车辆及行人的通行路线、围挡布置及施工区域出入口设置、临时交通标志、交通设施的设置等情况

D. 建立应急组织机构，组建应急救援队伍并明确职责和权限

答案：ABC

22. 以下有关医疗急救的管理正确的是(　　)。

A. 展开卫生防病教育，准备必要的医疗设施

B. 配备经过培训的急救人员，有急救措施、急救器材和保健医药箱

C. 在现场办公室的显著位置张贴急救车和有关医院的电话号码等

D. 定期对有关人员进行消防教育，落实消防措施

答案：ABC

23. 好文明施工建设的工作要求有(　　)。

A. 建立宣传教育制度：现场宣传安全生产、文明施工、国家大事、社会形势、企业精神、优秀事迹等

B. 坚持以人为本，加强管理人员和班组文明建设；教育职工遵纪守法，提高企业整体管理水平和文明素质

C. 主动与有关单位配合，积极开展共建文明活动，树立企业良好的社会形象

D. 新入场的人员做到及时登记，做到合法用工按照治安管理条例和施工现场的治安管理规定搞好各项管理工作

答案：ABC

24. 施工图纸主要表现拟建工程的实体项目，分项工程的具体施工方法及措施，应按(　　)确定。

A. 施工组织设计　　B. 设计图集　　C. 施工方案　　D. 施工规模

答案：AC

三、简答题

1. 使用泵吸式气体检测报要注意哪些方面？并简述扩散式气体检测仪的优缺点。

答：1)泵吸式气体检测报要注意以下三方面：

(1)为将有限空间内的气体抽至检测仪内，采样泵的抽力必须满足仪器对流量的需求。

(2)为保证检测结果准确有效，要为气体采集留有充分的时间。

(3)在实际使用中要考虑到随着采气导管长度的增加而带来的吸附和吸收气体损失，即部分被测气体被采样管材料吸附或吸收而造成浓度降低。

2)扩散式气体检测仪其优点是将气体样本直接引入传感器，能够真实反映环境中气体的自然存在状态，缺点是无法进行远距离采样。

2. 检查井常见病害一般包括哪些？至少列出8个。

答：井内踏步松动、短缺、锈蚀、流槽冲刷破损、抹面勾缝脱落、井壁断裂、腐蚀、挤塌、堵塞、井筒下沉等。

3. 简述橡胶圈双胀环修理施工方法。

答：施工人员先对管道接口或局部损坏部位处进行清理，然后将环状橡胶带和不锈钢片带入管道内，在管道接口或局部损坏部位安装环状橡胶止水密封带，橡胶带就位后用2~3道不锈钢胀环固定，安装时先将螺栓、楔形块、卡口等构件使套环连成整体，再紧贴母管内壁，使用液压千斤顶设备，对不锈钢胀环施压。

4. 简述预应力钢筒混凝土管验收标准。

答：预应力钢筒混凝土管验收标准如下：

(1)内壁混凝土表面平整光洁；承插口钢环工作面光洁干净；内衬式管(简称衬筒管)内表面不应出现浮渣、露石和严重的浮浆；埋置式管(简称埋筒管)内表面不应出现气泡、孔洞、凹坑以及蜂窝、麻面等不密实的现象。

(2)管内表面出现的环向裂缝或者螺旋状裂缝宽度不应大于0.5mm(浮浆裂缝除外)，距离管的插口端300mm范围内出现的环向裂缝宽度不应大于1.5mm，管内表面不得出现长度大于150mm的纵向可见裂缝。

(3)管端面混凝土不应有缺料、掉角、孔洞等缺陷端面应齐平、光滑并与轴线垂直。

(4)外保护层不得出现空鼓、裂缝及剥落。

5. 什么是生产数据分析？

答：生产数据分析的内容包括计划完成率、计划合理性、管道畅通率、管道出泥率、计划调度率、计划率、计划匹配度、人员投入率、设备投入率、不同工法的成本核算和工效分析等，通过生产数据分析，为开展生产的精心计划、精细管理、精准运行提供事前预警、事中监控、事后评估等管控功能，为指导生产和辅助决策提供科学依据，提升管网综合管控能力，增强生产调度全面性、精细化和快速反应能力。

四、实操题

1. 简述管塞封堵法液压皮堵封堵的操作方法。

答：1）选择适用管型规格的皮堵。

2）检查皮堵外观是否完好无损坏、老化等现象。

3）检查液压阀是否完好无堵塞、损坏等现象。

4）检查液压泵油量是否正常。

5）正确连接液压泵和皮堵。

6）对管道内安装皮堵的位置进行预处理，确保管壁平滑、干净。

7）皮堵安装在上游管口并且全部没入管内，系牢安全绳，固定在井上。

8）按皮堵标识压力加压，加压时作业人员应返回地面，观察水流状态，达到封堵效果。

2. 简述管道接口的操作方法。

答：1）沟管接口处必须清洗干净，必要时应凿毛。

2）接口完成后，及时进行质量检查，发现情况必须及时处理，情况严重时应凿除重打。

3）用沥青麻丝嵌实缝隙时，如有污染管口和管壁应予以清除。

建议钢筋混凝土承插管采用“O”型橡胶圈接口，钢筋混凝土企口管采用“q”型橡胶圈接口，有利于耐酸、耐碱、耐油的要求。

3. 简述雨水箅子的调整与更换方法。

答：当雨水箅子不能满足使用要求或者产生破损等情况时，需对雨水箅子做调整或更换处理，通常包括更换单个雨水箅子、调整更换整套雨水箅子、修复雨水箅子周边破损路面等工作。

1）更换单个雨水箅子：当单个雨水箅子发生丢失、破损时，如模口完好，可使用同类型、同尺寸的雨水箅子进行更换处理，同时做好防盗措施。

2）调整、更换整套雨水箅子：当整套雨水箅子发生损坏、位移、下沉等现象时，需按照以下步骤实施。

（1）将路面按施工所需尺寸切割开，深度控制在15~20cm为宜，或考虑可以凿除旧雨水箅子及模口深度为准。

（2）路面切割完成后，用风镐进行破碎，清理深度至模口底以下2~3cm为宜（雨水箅子规格有出入时，以新雨水箅子的规格控制凿除深度），将旧有雨水箅子、模口取出。

（3）将砂浆搅拌均匀（砂子与水泥比例1:3）平铺雨水口上方，厚度2~3cm，将雨水箅子垂直放置砂浆找平层上方，比原有路面低约0~5mm（用水平尺或者小线找准高程）。雨水箅子外围夯实处理。在雨水箅子安装时必须注意用1:1:1的混凝土对模口四周加固，防止雨水箅子位移、下沉。待水泥砂浆凝固后（30min为宜）方可平铺热沥青。完成后使用1:1的水泥砂浆对模口内部进行勾缝处理，勾缝应均匀、密实。

3）修复雨水箅子周边破损路面：路面恢复通常采用混凝土恢复和冷拌沥青混凝土恢复两种。雨水箅子安装完成后，对模口外围进行夯实处理，然后浇筑混凝土并振捣，待混凝土初凝后用抹子抹平、拉毛。

4. 简述三脚架的操作规程。

答：1）使用前检查各零部件是否完后、有无松动，检查正常后方可使用。

2）在检查井口处放置三脚架时其挂点应垂直于井口中心，安好防滑链，插好定位销。

3）装好滑轮组、防坠器，工作人员穿戴好安全带后与滑轮组连接妥当。

4）将工作人员缓慢送入作业空间中。

5）作业完成后，通过滑轮组将工作人员缓慢拉出作业空间。

6）拆下滑轮组、防坠器，拔出定位销，对整套设备清洁后入库存放。

5. 简述井盖更换操作步骤。

答：井盖更换操作步骤如下：

1）整套井盖更换或路面修复时，将井盖外沿35cm范围路面切割通常“切方、切圆”两种方法任选其一，深度控制在15~20cm为宜，或考虑可以凿除旧井盖及井圈深度为准。

2）路面切割完成后，用风镐进行破碎，清理深度至井框底以下2~3cm为宜（井盖规格有出入时，以新井盖的规格控制凿除深度），将旧有井盖、井圈取出。

3)将砂浆搅拌均匀(比例为1:3)平铺井筒上方，厚度2～3cm，将井盖垂直放置砂浆找平层上方，比原有路面高约5～10mm(用水平尺或者小线找准高程)，井筒外围夯实处理。在检查井安装时必须注意用1:1:1的混凝土对井圈四周加固，防止检查井位移、下沉。待水泥砂浆凝固后(30min为宜)方可以平铺热沥青。完成后使用1:1的水泥砂浆对井圈内部进行勾缝处理，勾缝应均匀、密实。

4)井盖安装完成后，在操作面表面淋适量乳化沥青作为黏结层，用沥青填充操作面，高度控制在高出路面2～3cm。如厚度超出10cm时，分层铺设沥青，每层沥青使用平板夯实，如此反复，直至铺设沥青与旧路面高度基本一致。

第四章

技　师

第一节　安全知识

一、单选题

1. 用电安全中，露天并且能遭受雨、雪侵袭的场所属于(　　)。

A. 一般场所　B. 危险场所　C. 高度危险场所　D. 相对危险场所

答案：B

2. 用电安全中，有导电粉尘的场所，有导电泥、混凝土或金属结构地板的场所属于(　　)。

A. 一般场所　B. 危险场所　C. 高度危险场所　D. 相对危险场所

答案：B

3. 用电安全中的危险场所是气温(　　)的场所。

A. 高于30℃　B. 低于30℃　C. 等于30℃　D. 高于40℃

答案：A

4. 用电安全中的高度危险场所是空气相对湿度(　　)的场所。

A. 高于85%　B. 高于95%　C. 高于90%　D. 接近100%

答案：D

5. 安全网系绳形状应为环形，悬挂前的长度应为(　　)。

A. 30～40mm　B. 40～60mm　C. 40～70mm　D. 50～80mm

答案：C

6. 用电安全中，有(　　)等的场所不属于危险场所。

A. 导电泥地板　B. 金属结构地板　C. 混凝土地板　D. 塑料地板

答案：D

7. 系绳形状应为环形，系绳沿网体边缘应均匀分布(　　)个。

A. 6　B. 7　C. 8　D. 9

答案：C

8. 电气设备的预防性实验与清扫工作易造成(　　)事故等。

A. 人员触电　B. 人员坠落　C. 人员晕厥　D. 人员中毒

答案：A

9. 安全网不可采用(　　)材料制成。

A. 锦纶　B. 维纶　C. 涤纶　D. 麻绳

答案：D

10. 排水管网相对处于密闭环境，作业环境不包含(　　)。

A. 狭小　B. 潮湿　C. 黑暗　D. 阴冷

答案：D

11. 安全网形状应与检查井相适应，宜为(　　)。

A. 正多边形　　B. 圆形　　C. 椭圆形　　D. 不规则多边形

答案：A

12. 道路作业过程中的交通事故包括(　　)。

A. 社会车辆因驾驶不慎可能对作业人员造成伤亡事故

B. 作业车辆因驾驶不慎可能对社会人员造成伤亡事故

C. 社会车辆因驾驶不慎可能对作业车辆造成追尾事故

D. 以上都正确

答案：D

13. 排水管道施工特点的是(　　)。

A. 施工环境多变、流动性大　　B. 施工作业条件差、手工露天作业多

C. 临时占道、用电设施多、劳动组合不稳定　　D. 以上都正确

答案：D

14. 持续缺氧 2min 以上会使大脑皮层细胞发生不可逆性坏死，昏倒后(　　)会波及全脑并最终导致死亡。

A. 2~3min　　B. 3~5min　　C. 5~7min　　D. 7~8min

答案：D

15. 关于自吸式长管呼吸器的结构正确的是(　　)。

A. 面罩、吸气硬管、背带和腰带、导气管、空气输入口(低阻过滤器)和警示板等部分组成

B. 面罩、吸气软管、背带和腰带、导气管、空气输入口(低阻过滤器)和警示板等部分组成

C. 面罩、吸气硬管、背带和腰带、导气管、氧气输入口(低阻过滤器)和警示板等部分组成

D. 面罩、吸气软管、背带和腰带、导气管、空气输入口(低阻过滤器)和告示板等部分组成

答案：B

16. 关于空气呼吸器的组成正确的是(　　)。

A. 面罩总成、气瓶总成、减压器总成、背托总成

B. 面罩总成、气瓶总成、减压器总成、腰托总成

C. 面罩总成、供气阀总成、气瓶总成、减压器总成、背托总成

D. 面罩总成、供气阀总成、气瓶总成、减压器总成、腰托总成

答案：C

17. 供气阀总成由(　　)组成。

A. 应急充泄阀、凸形接口、插板　　B. 应急充泄阀、凸形接口、插眼

C. 节气开关、应急充泄阀、凸形接口、插板　　D. 节气开关、应急充泄阀、凸形接口、插眼

答案：C

18. 手动送风呼吸器无需电源，由人力操作，体力强度大，需要(　　)一组轮换作业。

A. 1 人　　B. 2 人　　C. 3 人　　D. 4 人

答案：B

19. 手动送风呼吸器送风量(　　)。

A. 较小　　B. 巨大　　C. 有限　　D. 大

答案：C

20. 以下电动风机送风呼吸器结构图中，图注 5 表示的是(　　)。

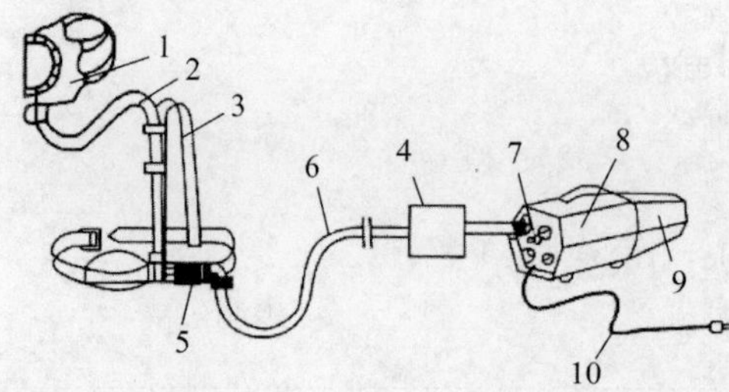

A. 风量转换开关　　B. 流量调节器　　C. 导气管　　D. 过滤器

答案：B

21. 电动送风呼吸器的使用供气量(　　)。

A. 较大　　B. 较小　　C. 特别大　　D. 特别小

答案：A

22. 有限空间长期处于封闭或半封闭状态，容易造成(　　)含量不足或有毒有害气体积聚。

A. 氢气　　B. 二氧化碳　　C. 氧气　　D. 硫化氢

答案：C

23. 正压式空气呼吸器气瓶总成由气瓶和(　　)组成。

A. 报警哨　　B. 瓶阀　　C. 压力表　　D. 快速接头

答案：B

24. 下列不是正压式空气呼吸器气瓶复合瓶的优点的是(　　)。

A. 耐腐蚀　　B. 安全性好　　C. 使用寿命长　　D. 质量大

答案：D

25. 以下关于正压式空气呼吸器的描述错误的是(　　)。

A. 正压式空气呼吸器一般供气时间在40min左右

B. 主要用于应急救援

C. 可以在水下使用

D. 不适宜作为长时间作业过程中的呼吸防护用品

答案：C

26. 空气呼吸器的气瓶每(　　)应送有资质的单位检验1次。

A. 1年　　B. 2年　　C. 3年　　D.4年

答案：C

27. 在存在腐蚀性物质的环境下使用的防护服应该是(　　)。

A. 防静电服　　B. 棉布工作服　　C. 防水服　　D. 防酸(碱)服

答案：D

28. 路栏用以阻挡车辆及行人前进或指示改道，设于因作业被阻断路段的两端或周围，侧面距离作业现场(　　)。

A. 0.8～1.0m　　B. 0.5～1.5m　　C. 0.5～2.0m　　D. 1.5～2.0m

答案：B

29. 锥形交通路标设置在作业现场周围，自作业区前某距离处沿斜线放置至作业区侧面，侧面距离作业现场(　　)。

A. 0.5～1.5m　　B. 1～2m　　C. 1～3m　　D. 3～5m

答案：C

30. 锥形交通路标渐变段锥筒最大间距不超过(　　)。

A. 1m　　B. 2m　　C. 3m　　D. 5m

答案：B

二、多选题

1. 安全网的(　　)应符合国家现行有关标准的规定。

A. 物理性能　　B. 耐冲击性　　C. 耐低温性　　D. 耐候性

答案：AD

2. 正压式空气呼吸器是(　　)吸防护用品。

A. 自给式　　B. 它给式　　C. 携气式　　D. 非携气式

答案：AC

3. 用电安全中，有(　　)等的场所均属于危险场所。

A. 导电泥地板　B. 金属结构地板　C. 混凝土地板　D. 塑料地板

答案：ABC

4. 制作安全帽的材料有(　　)。

A. 塑料　B. 玻璃钢　C. 竹　D. 藤

答案：ABCD

5. 安全帽必须达到(　　)规范要求。

A. 耐冲击　B. 耐穿透　C. 耐低温性能　D. 侧向刚性能

答案：ABCD

6. 安全网可采用(　　)材料制成。

A. 锦纶　B. 维纶　C. 涤纶　D. 麻绳

答案：ABC

7. 高压送风式长管呼吸器的组成包括(　　)。

A. 面罩　B. 导气管　C. 供气阀　D. 中压长管

E. 高压减压器　F. 过滤器

答案：ABCDEF

8. 以下属于高压送风式长管呼吸器特点的是(　　)。

A. 设备沉重　B. 体积大

C. 成本高　D. 需要在有资质的机构进行气瓶充装

答案：ABCD

9. 使用长管呼吸器必须有专人在现场监护，防止长管(　　)。

A. 被压　B. 被踩　C. 被破坏　D. 被折弯

答案：ABCD

10. 正压式空气呼吸器气瓶从材质上分为(　　)。

A. 钢瓶　B. 复合瓶　C. 塑料　D. 玻璃

答案：AB

11. 以下关于正压式空气呼吸器的描述正确的是(　　)。

A. 正压式空气呼吸器一般供气时间在40min左右

B. 主要用于应急救援

C. 可以在水下使用

D. 不适宜作为长时间作业过程中的呼吸防护用品

答案：ABD

12. 有限空间作业现场应该进行的操作包括(　　)。

A. 空气检测　B. 通风置换　C. 人员监护

D. 交叉作业　E. 照明良好

答案：ABC

13. 下列属于作业人员对危险源的日常管理的是(　　)。

A. 上岗前由班组长查看值班人员精神状态

B. 按安全检查表进行日常安全检查

C. 危险作业须经过审批方准操作

D. 对所有活动均应按要求认真做好记录

E. 按安全档案管理的有关要求建立危险源的档案，并指定专人保管，定期整理

答案：BCDE

14. 下列对毒害气体描述正确的是(　　)。

A. 爆炸是物质在瞬间以机械功的形式释放出大量气体和能量的现象，压力的瞬时急剧升高是爆炸的主要特征

B. 有限空间内，可能存在易燃的或可燃的气体、粉尘，与内部的空气发生混合，将可能引起燃烧或爆炸

C. 沼气是多种气体的混合物，99%的成分为甲烷

D. 一氧化碳在空气中含量达到一定浓度范围时，极易使人中毒

E. 一氧化碳属于易燃易爆有毒气体，与空气混合能形成爆炸性混合物，遇明火、高热能引起燃烧与爆炸

答案：ABDE

15. 制定安全生产规章制度的依据包括(　　)。

A. 法律、法规的要求　　B. 生产发展的需要

C. 劳动生产率提高的需要　　D. 企业安全管理的需要

答案：ABD

16. 安全生产教育培训制度是指落实安全生产法有关安全生产教育培训的要求，规范企业安全生产教育培训管理，(　　)。

A. 监督各项安全制度的实施　　B. 提高员工安全知识水平

C. 提高员工实际操作技能　　D. 有效发现和查明各种危险和隐患

答案：BC

17. 安全生产检查制度安全检查是安全工作的重要手段，通过制定安全检查制度，(　　)，制止违章作业，防范和整改隐患。

A. 监督各项安全制度的实施　　B. 提高员工安全知识水平

C. 提高员工实际操作技能　　D. 有效发现和查明各种危险和隐患

答案：AD

三、简答题

1. 泵站设备设施周期性养护工作实施过程中的危险有害因素有哪些？

答：进退水管线的检查及清掏工作中因防护不当造成的有毒有害气体中毒或爆炸事故；电气设备的预防性实验与清扫工作易造成人员触电事故等。

2. 占道作业危害的特点是什么？

答：1)作业区域相对开放，流动性强，临时防护简易，社会车辆、人员等外部因素给作业区域施工安全带来一定影响。

2)夜间作业环境照明不足、雨雪天气道路湿滑等不良环境因素可能导致生产安全事故。

3)作业区域交通安全防护设施码放不规范易导致安全事故。

4)社会车辆驾驶员参与交通活动的精神状态(酒后驾驶、疲劳驾驶等)不佳易导致交通安全事故。

3. 使用安全梯时应注意什么？

答：1)使用前必须对梯子进行安全检查。首先检查竹、木、绳、金属类梯子的材质是否发霉、虫蛀、腐烂、腐蚀等情况；其次检查梯子是否有损坏、缺挡、磨损等情况，对不符合安全要求的梯子应停止使用；有缺陷的应修复后使用。对于折梯，还应检查连接件，铰链和撑杆(固定梯子工作角度的装置)是否完好，如不完好应修复后使用。

2)使用时，梯子应加以固定，避免接触油、蜡等易打滑的材料，防止滑倒；也可设专人扶挡。在梯子上作业时，应设专人安全监护。梯子上有人作业时不准移动梯子。除非专门设计为多人使用，否则梯子上只允许1人在上面作业。

3)折梯的上部第二踏板为最高安全站立高度，应涂红色标志。梯子上第一踏板不得站立或超越。

第二节　理论知识

一、单选题

1. (　　)不能承受拉力，但可以承受压力。

A. 固体　　B. 液体　　C. 气体　　D. 物体

答案：B

2. (　　)受压后体积缩小，压力撤除后也能恢复原状，这种性质称为压缩性或弹性。

A. 固体　　B. 液体　　C. 气体　　D. 物体

答案：B

3. (　　)压缩性的大小以体积压缩系数 β 或体积弹性系数 K 来表示。

A. 固体　　B. 液体　　C. 气体　　D. 物体

答案：B

4. 流体力学知识不包括(　　)经常用到的基础概念和基础知识。

A. 排水管渠水力计算　　B. 运行管理　　C. 防汛抢险　　D. 设施维修

答案：D

5. (　　)受到外部剪切力作用发生连续变形即流动的过程中，其内部相应要产生对变形的抵抗，并以内摩擦力的形式表现出来，这种运动状态下的抵抗剪切变形能力的特性称为黏滞性。

A. 水　　B. 液体　　C. 气体　　D. 固体

答案：A

6. 由于流体在(　　)状态下内摩擦力不存在，因此不显示黏滞性。

A. 运动　　B. 静止　　C. 移动　　D. 受热

答案：B

7. 流态采用雷诺数 Re 表示，当 Re 小于(　　)时，一般为层流。

A. 2000　　B. 3000　　C. 4000　　D. 5000

答案：A

8. 流态采用雷诺数 Re 表示，当 Re 大于(　　)时，一般为紊流。

A. 2000　　B. 3000　　C. 4000　　D. 5000

答案：C

9. 流态采用雷诺数 Re 表示，当 Re 介于(　　)到4000之间时，水流状态不稳定，属于过渡流态。

A. 2000　　B. 3000　　C. 3500　　D. 5000

答案：A

10. 位置水头是指因为水流的位置高程所得的机械能，又称位能，以水流所处的高程来度量，用符号(　　)表示。

A. mH_2O　　B. $v^2/2g$　　C. p/γ　　D. Z

答案：D

11. 压力水头是指水流因为压强而具有的机械能，又称压能，以压力除以比重所得的相对高程来度量，用(　　)表示。

A. mH_2O　　B. $v^2/2g$　　C. p/γ　　D. Z

答案：C

12. 流速水头是指因为水流的流动速度而具有的机械能，又称动能，以动能除以重力加速度所得的相对高程来度量，用(　　)表示。

A. mH_2O　　B. $v^2/2g$　　C. p/γ　　D. Z

答案：B

13. 以下图中表示跌水井的是(　　)。

A. 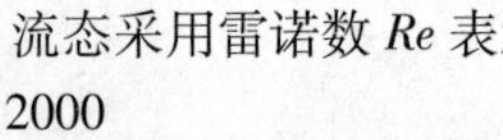　　B. 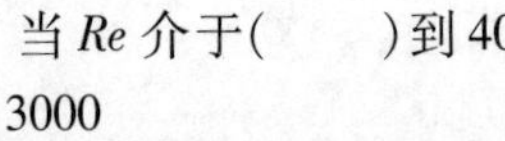　　C. 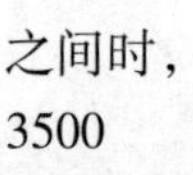　　D.

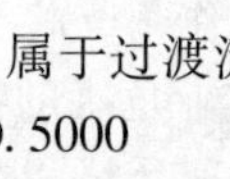

答案：D

14. 以下图中表示蝶阀的是(　　)。

A.　　B.　　C. 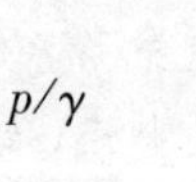　　D.

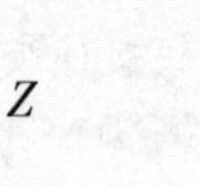

答案：B

15. 以下图中表示水封井的是(　　)。

A. [symbol] B. [symbol] C. [symbol] D. [symbol]

答案：C

16. 当排水管直径大于(　　)时，也可在连接管与排水管连接处不另设检查井，而设连接暗井。

A. 800mm　B. 1000mm　C. 1200mm　D. 1400mm

答案：A

17. 连接管的最小管径为(　　)。

A. 200mm　B. 400mm　C. 600mm　D. 800mm

答案：A

18. 废水和雨水的收集、输送、处理和排放等设施以一定方式组合成的总体，称为(　　)。

A. 污水系统　B. 雨水系统　C. 排水系统　D. 合流系统

答案：C

19. 废水按照来源可以分为生活污水、工业废水和(　　)。

A. 河水　B. 雨水　C. 降水　D. 井水

答案：C

20. 三孔圆形陶土排水管(倒品字形、每孔断面0.04m^2)，总断面(　　)。

A. 0.12m^2　B. 0.14m^2　C. 0.16m^2　D. 0.18m^2

答案：A

21. 石砌排水暗沟(木盖板)、断面(　　)及木结构排水暗沟、圆形陶土排水管。

A. 3.0m^2　B. 4.0m^2　C. 5.0m^2　D. 6.0m^2

答案：A

22. 通过排水管网模型，能在各种假设情景下，根据城市的地表降雨径流和排水管网的(　　)规律模拟城市排水管网系统的运行状态。

A. 分流　B. 汇流　C. 水流　D. 溪流

答案：B

23. 西汉时期，长安城西面城墙直城门附近的城墙下，发掘出断面尺寸宽约(　　)的砖砌排水暗沟。

A. 1.2m　B. 1.4m　C. 1.6m　D. 1.8m

答案：A

24. 西汉时期，长安城西面城墙直城门附近的城墙下，发掘出高约(　　)的砖砌排水暗沟。

A. 1.2m　B. 1.4m　C. 1.6m　D. 1.8m

答案：B

25. 西汉时期，长安城在南面城墙西安门附近的城墙下，发掘出一座宽约(　　)砖砌排水暗沟。

A. 1.2m　B. 1.4m　C. 1.6m　D. 1.8m

答案：C

26. 西汉时期，长安城在南面城墙西安门附近的城墙下，发掘出一座高约(　　)的砖砌排水暗沟。

A. 1.2m　B. 1.4m　C. 1.6m　D. 1.8m

答案：B

27. 北宋时期，著名的福寿砖砌排水暗沟，简称福寿沟，福寿沟宽约(　　)。

A. 0.7m　B. 0.8m　C. 0.9m　D. 1.0m

答案：C

28. 北宋时期，著名的福寿砖砌排水暗沟，简称福寿沟，福寿沟高约(　　)。

A. 1.2m　B. 1.4m　C. 1.6m　D. 1.8m

答案：D

29. 南宋临安恭圣仁烈皇后庭院遗迹中，发掘出一条砖砌排水暗沟和庭院以外相通。暗沟为方形，宽(　　)。

A. 0.2m　　B. 0.3m　　C. 0.4m　　D. 0.5m

答案：B

30. 南宋临安恭圣仁烈皇后庭院遗迹中，发掘出一条砖砌排水暗沟和庭院以外相通。暗沟为方形，高(　　)。

A. 0.27m　　B. 0.28m　　C. 0.29m　　D. 0.3m

答案：C

31. 乾隆四年(公元1739年)汉口开埠时，首先在汉正街修建了一条长3441m，宽、高各(　　)的砖砌方形排水暗沟，上盖花岗岩长条石，条石的顶面作为路面。

A. 1.62m　　B. 1.64m　　C. 1.66m　　D. 1.68m

答案：B

32. 乾隆四年(公元1739年)汉口开埠时，首先在汉正街修建了一条长3441m的砖砌方形排水暗沟，上盖花岗岩长条石，条石的顶面作为路面，每隔(　　)留一窨井，上盖铁板，便于清掏。

A. 10m　　B. 20m　　C. 30m　　D. 40m

答案：A

33. 著名的福寿砖砌排水暗沟，简称福寿沟，福寿沟长约(　　)。

A. 1km　　B. 2km　　C. 3km　　D. 4km

答案：B

34. 混凝土管的管径一般小于(　　)，长度多为(　　)，适用于管径较小的无压管。

A. 300mm，1m　　B. 300mm，2m　　C. 500mm，1m　　D. 500mm，2m

答案：A

35. 普通陶土排水管最大内径可到(　　)，有效长度(　　)，适用于居民区，室外排水管。

A. 300mm，800mm　　B. 400mm，800mm　　C. 800mm，300mm　　D. 800mm，400mm

答案：A

36. 排水管道的预制管管径一般小于(　　)，实际上当管道设计断面大于(　　)时，通常就在现场建造大型排水渠道。

A. 2m，$1.5m^2$　　B. 3m，$2m^2$　　C. 4m，$2.5m^2$　　D. 5m，$3m^2$

答案：A

37. 污水管线设计计算包括流速、充满度和(　　)。

A. 流量　　B. 汇水面积　　C. 坡度　　D. 断面

答案：C

38. 当发现井盖缺失或损坏后，必须及时安放护栏和警示标志，并应在(　　)内恢复。

A. 4h　　B. 6h　　C. 8h　　D. 12h

答案：B

39. 排水管网模型是对实际排水管网系统的(　　)与概化。

A. 记录　　B. 合理抽象　　C. 汇总　　D. 解析

答案：B

40. 机械设施至少可将人从(　　)的密闭空间中救出。

A. 1.2m　　B. 1.5m　　C. 1.8m　　D. 2m

答案：B

41. 密闭空间空气中可燃性气体浓度应低于爆炸下限的(　　)。对油轮船舶的拆修，以及油箱、油罐的检修，空气中可燃性气体的浓度应低于爆炸下限的1%。

A. 10%　　B. 15%　　C. 20%　　D. 25%

答案：A

42. 短时间内工厂区淋浴水的高峰流量不到设计流量的(　　)时，可不予计入。

A. 35%　　B. 30%　　C. 25%　　D. 20%

答案：B

43. 跌水设置：土明渠跌差小于1m，流量小于2000L/s时，可用浆砌块石铺砌，厚度0.3m。土明渠跌差大于1m，流量大于(　　)时，按水工构筑物设计规范计算。明渠在转弯处一般不宜设跌水。

A. 100L/s　　B. 150L/s　　C. 200L/s　　D. 250L/s

答案：C

44. (　　)应具有能抵抗污水中杂质的冲刷和磨损的作用，应该具有抗腐蚀的性能，以免在污水或地下水的侵蚀作用(酸、碱或其他)下加快损坏。

A. 排水管渠　　B. 污水管渠　　C. 合流管渠　　D. 雨水管渠

答案：A

45. 当管径大于300mm，管道埋深较大或敷设在土质条件不良地段，为抗外压通常采用(　　)管。

A. 水泥　　B. 混凝土　　C. 钢筋混凝土　　D. 聚乙烯

答案：C

46. 普通陶土排水管最大内径可到(　　)，有效长度800mm，适用于居民区、室外排水管。

A. 200mm　　B. 250mm　　C. 300mm　　D. 350mm

答案：C

47. 清疏污泥含水率较高，受清淤方式影响，一般采用水力冲洗清捞时，污泥含水率约为(　　)。

A. 50%~60%　　B. 60%~70%　　C. 80%~95%　　D. 95%

答案：C

48. 凡24h内降水量超过(　　)的降雨过程统称为暴雨。

A. 50mm　　B. 70mm　　C. 80mm　　D. 100mm

答案：A

49. 将路面按施工所需尺寸切割开，通常“切方、切圆”两种方法任选其一，深度控制(　　)为宜，或考虑可以凿除旧井盖及井圈深度为准。

A. 5~10cm　　B. 15~20cm　　C. 20~30cm　　D. 30cm以上

答案：B

50. 在人工下管方法中，有大绳和吊链下管两种，大绳下管方式中，小于(　　)管径的浅槽通常采用压绳法下管，大管径的深槽下管应修筑马道。

A. 500mm　　B. 600mm　　C. 700mm　　D. 1000mm

答案：A

51. 12h内降水量大于(　　)或24h内降水量大于250mm的降雨过程称为特大暴雨。

A. 100mm　　B. 120mm　　C. 140mm　　D. 160mm

答案：C

52. 直槽一般用于土层坚实、土质良好、挖深较浅、(　　)管道。

A. 管径较小的户支线　　B. 一般支次干线　　C. 主次干线　　D. 管径较大的户支线

答案：A

53. 沟槽支撑结构形式，通常用于土质状况良好、土体较稳定的单槽是(　　)。

A. 单板撑　　B. 井字撑　　C. 稀撑　　D. 其他

答案：A

54. (　　)是排水设施运营管理单位日常生产管理的一项重要工作，是开展生产活动的主要依据。

A. 生产调度　　B. 生产计划编制　　C. 生产组织　　D. 生产中心

答案：B

55. 班组安全员针对作业小组的现场安全检查每周不少于(　　)次，要求有记录和隐患整改措施，作业检查标准参照生产管理部门对生产安全检查的要求。

A. 4　　B. 3　　C. 2　　D. 1

答案：D

56. 对清疏污泥进行快速烘干，具有占地面积小，运行管理相对集中的方法是(　　)。

A. 机械脱水　　B. 自然风干　　C. 加热烘干　　D. 冷冻干燥

答案：C

57. 对井盖、井圈缺损或原井盖不适宜使用的进行(　　)井盖。

A. 更换　　B. 升降　　C. 整修　　D. 翻修

答案：A

58. 检查井的井盖错动、倾斜位移、井壁勾缝抹面脱落、断裂、井中堵塞时，需要对检查井进行(　　)。

A. 更换　　B. 升降　　C. 整修　　D. 翻修

答案：C

59. 检查井位置不良或类型、大小深浅、高程已不适应使用与养护工作要求时，需要对检查井进行(　　)。

A. 更换　　B. 升降　　C. 整修　　D. 翻修

答案：D

60. (　　)雨水支管是指原雨水支管位置、长度、管位不变，只是埋深和坡度的改变。

A. 整修　　B. 翻修　　C. 改建　　D. 新建

答案：B

61. 城市排水管网地理信息系统利用"(　　)"，促进生产与需求对接、传统产业与新兴产业融合。

A. 互联网　　B. 互联网 +　　C. 因特网　　D. 物联网

答案：B

62. 设施巡查管理系统由一个中心端和多个(　　)组成，可实现定位管理和排水事件报送等功能的集成。

A. CPU　　B. GPU　　C. PAP　　D. 移动端

答案：D

63. 城市排水管网地理信息系统针对城市河道、(　　)、低洼地带等汛情易发地区，提供实时、完整的各类汛情信息的收集、分析、展示。

A. 交通桥　　B. 下凹桥　　C. 立交道桥　　D. 人行道

答案：C

64. GPS 车辆定位与监控子系统基本功能包括(　　)、车辆监控、轨迹回放、车辆调度功能。

A. 远程控制　　B. 车辆定位　　C. 设备监控　　D. 紧急制动

答案：B

65. 态势标绘应急指挥系统提供强大的(　　)，实现多部门异地多媒体群体会商，实现水情调度、抢险调度、命令发布等方面的自动化。

A. 人机支持　　B. 系统支持　　C. 人机交互支持　　D. 数据支持

答案：C

66. 态势标绘应急指挥系统是具有(　　)，水雨情监测，数据采集、整合、分析、预报警等功能于一体的综合城市防汛系统。

A. 河道监控　　B. 全面监控　　C. 视频监控　　D. 人员监控

答案：C

67. 排水管网业务管理主要包括管网运行管理、管网养护管理、(　　)等。

A. 全方位管理　　B. 日常设施管理　　C. 生产调度管理　　D. 管网指标管理

答案：B

68. 态势标绘应急指挥系统建立具有对管网养护生产从计划、过程、实施、质量、完成反馈、(　　)等功能为一体的生产调度管控系统。

A. 数据分析　　B. 数据解析　　C. 数据总结　　D. 数据汇总

答案：A

69. (　　)是与无线防汛终端、视频监控、监测设备的无线网络互连。

A. 网络连接　　B. 网络环境建设　　C. 云系统　　D. 网络补偿

答案：B

70. 信息化排水系统拥有汛情的实时监测，包括(　　)、水位信息管理、雨量数据管理、气象信息展示、工情险情监测。

A. 视频监控系统　B. 水位监控　C. 河道监控　D. 截流监控

答案：A

71. 排水管网业务建设面向排水管网管理的地理信息系统应用平台，以实现排水管网的精细化、信息化、(　　)管理。

A. 标准化　B. 数字化　C. 科学化　D. 智能化

答案：C

72. 排水管网(　　)，包括管网运行风险安全性评估，为管网实施设计、规划、更新、改造提供定量评估和科学的决策依据。

A. 数字模型　B. 数学模型应用　C. 数字资源　D. 智慧管网

答案：B

73. 叠加分析可以将不同数据层的(　　)进行叠加运算，得到具有新特征的数据层。

A. 特例　B. 特征　C. 数据　D. 某一部分

答案：B

74. 将管道汇水区图层与城市地图相叠加，可以得到每个(　　)的用地情况分布图。

A. 下水区　B. 上水区　C. 汇水区　D. 特殊区

答案：C

75. 将管道节点与城市(　　)叠加分析可以得到各个管道节点的地面高程。

A. 矩阵图　B. 平面图　C. 地形图　D. 彩图

答案：C

76. 缓冲区分析是在研究的空间实体周围建立具有(　　)的缓冲区多边形，以判断研究实体的影响范围。

A. 一定窄度　B. 一定宽度　C. 一定高度　D. 一定角度

答案：B

77. 城市市政设施巡护管理系统，由(　　)、GPS 手持终端、GSM 网络、城市市政设施巡护管理系统组成。

A. 伺服器　B. 手机　C. 服务器　D. 移动端

答案：C

78. 城市排水管网系统是重要的(　　)设施，也是城市水污染防治和城市防洪排涝的骨干工程。

A. 市场基础　B. 防护　C. 公共　D. 城市基础

答案：D

79. 中国最早的城垣遗址，出现在史前新石器时代的(　　)。

A. 早期　B. 中期　C. 晚期　D. 后期

答案：C

二、多选题

1. 混凝土带形基础是沿管道全长铺设的基础，按管座的形式不同分为(　　)。

A. 45°　B. 90°　C. 135°　D. 180°

答案：BCD

2. 流体力学知识主要包括(　　)经常用到的基础概念和基础知识。

A. 排水管渠水力计算　B. 运行管理　C. 防汛抢险　D. 设施维修

答案：ABC

3. 工程图纸上(　　)的方向，以图纸指北针为准，一般为上北，下南，左西，右东。

A. 地形　B. 地物　C. 地貌　D. 地标

答案：ABC

4. 在施工蓝图上一般采用杠(划)改、叉改法，局部修改可以圈出更改部位，在原因空白处绘出更改内容，所有变更处都必须引画索引线并注明更改依据，在施工图上改绘，不得使用(　　)等方法修改图纸。

A. 橡皮擦　B. 涂改液涂抹　C. 刀刮　D. 补贴

答案：BCD

5. 国外排水行业的发展可概括为(　　)。
A. 创建阶段　　B. 发展和治理阶段　　C. 暴雨管理阶段　　D. 汛后监控阶段
答案：ABC
6. 从公元前2500年到公元前190年，前后约2300年，排水管道先后出现了(　　)、卵石排水暗沟以及砖砌排水暗沟5个种类。
A. 陶土排水管道　　B. 木结构排水暗沟　　C. 石砌排水暗沟　　D. 水泥结构排水暗沟
答案：ABC
7. 石砌排水暗沟，在夏商周时期主要是采用天然石块即毛石垒砌而成，有三种形式(　　)。
A. 较狭窄的石砌排水暗沟　　B. 较宽的石砌排水暗沟
C. 多孔石砌排水暗沟　　D. 少孔石砌排水暗沟
答案：ABC
8. 废水按照来源可以分为(　　)。
A. 生活污水　　B. 工业废水　　C. 降水　　D. 井水
答案：ABC
9. 按照排水设计规范规定，各种不同管径断面污水充满度要求为(　　)。
A. 管径150～300mm，充满度0.6　　B. 管径150～300mm，充满度0.75
C. 管径600～900mm，充满度0.75　　D. 管径600～900mm，充满度0.6
答案：AC
10. 污水管线设计计算包括(　　)。
A. 流速　　B. 充满度　　C. 坡度　　D. 断面
答案：ABC
11. 砂垫层基础是在挖好的弧形管槽上，用带棱角的粗砂填10～15cm厚的砂垫层。这种基础适用于(　　)管道直径小于600mm的混凝土管、钢筋混凝土管及陶土管，管顶覆土厚度0.7～2m的排水管道。
A. 无地下水　　B. 岩石或多石土壤　　C. 地下水　　D. 沙土
答案：AB
12. 以下属于传统清疏污泥处理工艺的是(　　)。
A. 自然风干　　B. 机械脱水　　C. 加热烘干　　D. 化学脱水
答案：ABC
13. 通常按上升气流的特性将降水分为(　　)。
A. 对流雨　　B. 锋面雨　　C. 地形雨　　D. 台风雨
答案：ABCD
14. 土体注浆常用方式有(　　)。
A. 渗透注浆　　B. 压密注浆　　C. 劈裂注浆　　D. 重力注浆
答案：ABC
15. 管道局部修复法有(　　)。
A. 嵌补法　　B. 套环法　　C. 局部内衬法　　D. 螺旋内衬
答案：ABC
16. 排水设施巡查管理系统应结合移动化终端设备构建，通过终端可以实现事件的(　　)等功能。
A. 上报　　B. 处理　　C. 查询　　D. 修改
答案：ABC
17. 排水管网业务管理主要包括(　　)等。
A. 全方位管理　　B. 日常设施管理　　C. 管网运行管理　　D. 管网养护管理
答案：BCD
18. 排水管网业务建设面向排水管网管理的地理信息系统应用平台，以实现排水管网的(　　)管理。
A. 精细化　　B. 信息化　　C. 科学化　　D. 智能化
答案：ABC

19. 防汛管理系统可收集获取(　　)实时液位监测数据，水厂运行情况等信息。

A. 降雨情况　　B. 泵站运行情况　　C. 桥区　　D. 排河口

答案：ABCD

20. GPS 车辆定位与监控子系统基本功能包括(　　)、轨迹回放、车辆调度功能。

A. 远程控制　　B. 车辆定位　　C. 车辆监控　　D. 紧急制动

答案：BC

21. 城市排水管网地理信息系统针对(　　)等汛情易发地区，提供实时、完整的各类汛情信息的收集、分析、展示。

A. 城市河道　　B. 低洼地带　　C. 立交道桥　　D. 人行道

答案：ABC

22. 态势标绘应急指挥系统是建立具有(　　)等功能于一体的综合城市防汛系统。

A. 水雨情监测　　B. 全面监控

C. 视频监控　　D. 数据采集、整合、分析、预报警

答案：ACD

23. 城市市政设施巡护管理系统，由(　　)、城市市政设施巡护管理系统组成。

A. 伺服器　　B. GPS 手持终端　　C. 服务器　　D. GSM 网络

答案：BCD

三、简答题

1. 简述压力流和重力流。

答：压力流输水通过封闭的管道进行，水流阻力主要依靠水的压能克服，阻力大小只与管道内壁粗糙程度、管道长度和流速有关，与管道埋设深度和坡度等无关。

重力流输水通过管道或渠道进行，管渠中水面与大气相通，且水流常常不充满管渠，水流的阻力主要依靠水的位能克服，形成水面沿水流方向降低，称为水力坡降。重力流输水时，要求管渠的埋设高程随着水流水力坡度下降。

2. 排水管渠材料的要求是什么?

答：排水管渠必须具有足够的强度，以承受外部的荷载和内部的水压，外部荷载包括土壤的重量，即静荷载，以及由于车辆运行所造成的动荷载。压力管及倒虹吸管一般要考虑内部水压。自流管道发生淤塞时或雨水管渠系统的检查井内充水时，也可能引起内部水压。此外，为了保证排水管道在运输和施工中不破裂，也必须使管道具有足够的强度。

3. 简述基于地理信息系统的防汛管理系统。

答：防汛管理系统可收集获取降雨情况、泵站运行情况、桥区和排河口实时液位监测数据，水厂运行情况等信息，为防汛布控提供数据支持。实时获取人员、车辆、设备位置信息和处置能力，为防汛调度提供科学的决策依据。

四、计算题

已知某条管线的各种不同管径和不同管段的实测积泥深度和允许积泥深度(按管径的20%计算)，见下表，求此管线不同管段的水冲周期和此条管线的综合平均水冲周期。

表1　查泥表

管段	管径 /mm	年平均泥深 /(mm/年)
一管段	800	182
二管段	800	206
三管段	1000	198

续表

管段	管径 /mm	年平均泥深 /(mm/年)
四管段	1000	230
五管段	1100	250
六管段	1250	260

解：由上表可知全线管道的水冲周期为0.9，则管线月水冲周期 = 12 × 0.9 = 10.8 月

因此，这条管线的综合平均水冲周期为10个月至11个月的期间范围。

第三节　操作知识

一、单选题

1. 空气呼吸器的存储要求室温(　　)，避免接近腐蚀性气体和阳光直射，使用较少时，应在橡胶件上涂滑石粉。

A. 0～10℃　　B. 0～20℃　　C. 0～30℃　　D. 0～40℃

答案：C

2. 防尘口罩存储时应避免潮湿、(　　)，远离污染环境和具有腐蚀性的物品周围，防止物体挤压。

A. 干燥　　B. 低温环境　　C. 常温　　D. 高温环境

答案：D

3. 空气呼吸器的存储要求相对湿度(　　)，避免接近腐蚀性气体和阳光直射，使用较少时，应在橡胶件涂上滑石粉。

A. 40%～50%　　B. 40%～60%　　C. 40%～70%　　D. 40%～80%

答案：D

4. 气体检测仪主要组成部分不包括(　　)。

A. 出气口　　B. 传感器　　C. 显示模块　　D. 电源模块、报警器

答案：A

5. 选择风机时必须确保能够提供作业场所所需的(　　)。

A. 气流量　　B. 氧气流量　　C. 二氧化碳流量　　D. 移动体流量

答案：A

6. 安全梯的应用注意事项使用前必须对安全梯进行安全检查，检查梯子是否有损坏、缺档、磨损、断股等情况，并且(　　)。

A. 只要是梯子就可使用

B. 除非专门设计为多人使用，否则梯子上同时只允许2人作业

C. 折梯的上部第二踏板为最高站立高度，应涂绿色标志；梯子上第一踏板不得站立或超越

D. 在室外大风环境下不宜使用软梯

答案：D

7. 目前没有统一的关于换气次数的标准，可以参考一般工业上普遍接受的每(　　)换气1次的换气率，作为能够提供有效通风的标准。

A. 2min　　B. 3min　　C. 4min　　D. 5min

答案：B

8. 在检查井口处放置三脚架时其挂点应垂直于井口的(　　)，安好防滑链，插好定位销。

A. 中心　　B. 一侧　　C. 左侧　　D. 右侧

答案：A

9. 防爆手电及其电池应存储于温度变化范围不大的地点，最低温不低于(　　)、最高温不高于(　　)；存储地点应干燥、避免阳光直射暴晒。

A. －20℃，30℃　　B. －20℃，40℃　　C. －10℃，40℃　　D. －10℃，30℃

答案：B

10. 以下关于安全带的检查错误的是(　　)。

A. 首先对安全带进行外观检查，看是否有碰伤、断裂及存在影响安全带技术性能的缺陷

B. 对防坠落用具重要尺寸及质量进行检查，包括规格、安全绳长度、腰带宽度等

C. 选择的安全带应适应特定的工作环境，并具有相应的检测报告

D. 检查安全带上必须具有的标记，如：制造单位厂名商标、许可证编号、安全防护标识和说明书中应有的其他功能标记等

答案：D

11. 以下关于防护手套在应用过程中做法错误的是(　　)。

A. 根据实际工作和工况环境选择合适的防护手套，并定期使用

B. 使用前检查手套有无破损和磨蚀，绝缘手套还应检查其电绝缘性，不符合规定的手套不能使用

C. 使用后的手套在摘取时要细心，防止手套上沾染的有害物质接触到皮肤或衣服而造成二次污染

D. 带电绝缘手套要用低浓度的中性洗涤剂清洗

答案：A

12. 电动送风呼吸器通常与移动式发电机配合应用，使用时间不受限制，供气量较大，可以同时供(　　)人使用。

A. 1～2　　B. 1～3　　C. 1～4　　D. 1～5

答案：C

13. 以下关于高压送风式长管呼吸器缺点，错误的是(　　)。

A. 设备沉重　　B. 体积大　　C. 不易携带　　D. 供气时间短

答案：D

14. 面罩总成优点不包括(　　)。

A. 耐磨　　B. 耐冲击　　C. 透光性　　D. 失真

答案：D

15. 气体检测仪操作规程中，显示的检测数值(　　)后，读数并记录。

A. 稳定　　B. 有数值　　C. 及时　　D. 波动明显

答案：A

16. 以下关于空气呼吸器使用前的检查错误的是(　　)。

A. 检查全面罩面窗有无划痕、裂纹，面框橡胶密封垫有无灰尘、断裂等影响密封性能的因素存在

B. 检查头带、颈带是否断裂、连接处是否断裂、连接处是否松动

C. 打开气瓶阀，观察压力表，指针应位于压力表的红色范围内

D. 报警器是否开始报警，报警声音是否响亮

答案：C

17. 以下关于安全交底原则错误的是(　　)。

A. 根据指导性、可行性、针对性及可操作性原则，提出足够细化可执行的操作及控制要求

B. 交底记录妥善保存，作为班组内业资料的内容之一

C. 使用标准化的专业技术用语、国际制计量单位以及统一的计量单位；确保语言通俗易懂，必要时辅助插图或模型等措施

D. 交底内容与技术方案保持不一致时，要按照技术方案参与交接

答案：D

18. 道路下雨水口、雨水支管应根据设计要求浇筑混凝土基础。坐落于道路基层内的雨水支管应作 C25 级混凝土全包封，且在包封混凝土达到(　　)强度前，不得放行交通，施工车辆通过应采取保护措施。

A. 70%　　B. 75%　　C. 80%　　D. 85%

答案：B

19. 以下关于高压射流车疏通操作中作业准备描述错误的是(　　)。

A. 不需要检查水箱水量是否充足

B. 高压胶管是否破裂或老化，如有损坏应及时更换

C. 检查高压射流车操作面板仪表，操作按钮或开关阀是否正常

D. 检查配套工具是否齐全

答案：A

20. 气体检测仪一般不检测的气体有(　　)。

A. 氧气　　B. 硫化氢　　C. 一氧化碳　　D. 天然气

答案：D

21. 以下检查井整修操作规程的一般规定描述错误的是(　　)。

A. 井室砌完后，应及时安装井盖

B. 在道路面上的井盖面应与路面平齐

C. 检查井设置在田间、绿地内时，其井盖宜高出地面 20cm 左右

D. 井室及沟槽还土前，应将所有未接通预留管接口堵死

答案：C

22. 以下雨水口质量规定错误的是(　　)。

A. 井周回填应符合要求

B. 雨水口位置符合设计要求；内壁勾缝应直顺、不得漏勾、脱落

C. 井框、井篦应完整、无损，安装平稳、牢固

D. 支管应直顺，管内应清洁

答案：D

23. 检查井整修操作规程中，有关操作要求描述错误的是(　　)。

A. 翻修检查井时，检查井基础应与管道基础同时浇筑；排水检查井内的流槽，宜与井壁同时进行砌筑

B. 砌筑检查井时，对接入的支管应随砌随安，管口宜伸入井内 5cm；不得将截断管端放在井内，预留管口应封堵严密，封口抹平，封堵便于拆除

C. 砌筑圆井应随时掌握直径尺寸，进行收口时，四面收口的每层砖不应超过 3cm，三面收口的每层砖不应超过 4～5cm；圆井筒的楔形缝应以适宜的砖块填塞，砌筑砂浆应饱满

D. 检查井内的踏步，安装前应刷防锈剂，在砌筑时用砂浆埋固，砂浆未凝固前不得踩踏

答案：B

24. 高压射流车疏通操作规程中，关于作业前准备描述错误的是(　　)。

A. 检查高压射流车操作面板仪表，操作按钮或开关阀是否正常

B. 高压胶管是否破裂或老化，如有损坏可以不及时更换

C. 检查水箱水量是否充足(加注清水)

D. 检查配套工具是否齐全，如护管、井口导轮支架、型号喷头以及管钳等工具

答案：B

25. 吸污车抽排操作规程中，关于作业前准备描述错误的是(　　)。

A. 检查车辆底盘润滑油、冷却液、变速箱油、尿素溶液等液位正常

B. 检查上装设备液压油、真空泵润滑油液位正常，油质合格

C. 检查三、四级过滤器水位合格，水质干净

D. 检查真空泵放水阀门，确认处于开启状态

答案：D

26. 吸污车抽排操作规程中，关于吸引操作描述错误的是(　　)。

A. 将车辆行驶到指定地点后，松开手刹，使车辆底盘固定

B. 打开负荷释放阀；将转换阀调至“吸引”状态；启动发动机进行预热运转后，踩下离合器、按下取力器的开关、慢慢松开离合器使取力器开始运转(注意将罐门锁闭装置锁上)

C. 通过车辆右侧操作盘处的调速阀(外接油门)将发动机的转速调节到吸引作业时所需要的转速

D. 打开回收罐后方的吸引阀

答案：A

27. 绞车现场布置时，将绞车按相邻井中心连线方向，推至检查井(　　)，机械绞车置于下游检查井处，辅助绞车位于上游检查井。

A. 外侧　　B. 内侧　　C. 中间　　D. 以上都可以

答案：A

28. 当发动机温度升高后，(　　)阻风门。

A. 逐渐开启　　B. 逐渐关闭　　C. 快速开启　　D. 快速关闭

答案：A

29. 停机操作时，需将节气门拉杆向右移至(　　)位置。

A. 全开　　B. 1/3 开　　C. 1/2 开　　D. 全闭

答案：A

30. 认真执行排污制度和操作要求，每次排污量以降低水位(　　)为宜，应在高气压，低负荷运行。

A. 10~20mm　　B. 25~30mm　　C. 40~60mm　　D. 60~65mm

答案：B

31. 一般的折叠管复原工作主要依靠蒸汽加热和空气混合来控制温度与压力，按规定每次记录蒸汽压力，温度，管端内温度和环境温度，每(　　)。

A. 1~3min/次　　B. 2~4min/次　　C. 3~5min/次　　D. 5~7min/次

答案：C

32. 由于缠绕管可以在不超过(　　)水流的情况下施工，因此要特别注意井下人员安全，井下人员必须系安全带，地面有 1 人专门负责同井下人员的沟通。

A. 15%　　B. 20%　　C. 30%　　D. 40%

答案：C

33. 管节横断面注浆孔布置(管内向外)：管径大于 1600mm 管道时，布置五点，分别为时钟位置 1、(　　)、6、8、11 处。

A. 2　　B. 3　　C. 4　　D. 5

答案：C

34. 管节纵向注浆孔布置(地面向下)时，注浆孔间距一般为(　　)，能使被加固土体在平面和深度范围内连成一个整体。

A. 1. 0~2. 0m　　B. 1. 0~4. 0m　　C. 1. 0~5. 0m　　D. 2. 0~3. 0m

答案：A

35. 检查井底部开设注浆孔，应视井底部尺寸大小不同，控制在(　　)。

A. 1~2 个　　B. 1~3 个　　C. 1~5 个　　D. 2~4 个

答案：A

36. 早期使用承口连接方法修复，管道流量损失较大，如：每节管长度 90cm，外径要考虑承口推入管道，相对短管就要缩小(　　)，修复后的流量就大大减小，现在改为螺旋连接，这样可基本达到管道原有流量。

A. 1~5cm　　B. 2~5cm　　C. 3~5cm　　D. 3~6cm

答案：C

37. 管径大于(　　)的内衬管注浆可采用衬管内顶部开孔进行注浆，孔距 2m 左右，逐孔注入。

A. 500mm　　B. 600mm　　C. 700mm　　D. 800mm

答案：C

38. 同一原料、配方和工艺情况下生产的同一规格短管为一批，每批数量不超过 30t，若生产数量少，生产期 6 天不超过 30t 时，则以(　　)天产量为一批。

A. 3　　B. 4　　C. 5　　D. 6

答案：D

39. 高强度聚氨酯基层喷涂前，基层表面温度应≥5℃，环境温度≥(　　)，管道内壁表面触干，环境相对湿度≤85%，并应强制通风。

A. 15℃　　B. 20℃　　C. 25℃　　D. 30℃

答案：A

40. 当管径大、埋设深或土质差等特殊情况时，经设计部门或建设单位同意，也可采用(　　)管座。

A. 123°　　B. 175°　　C. 180°　　D. 258°

答案：C

41. 槽深超过(　　)，混凝土基础浇筑必须采用串筒或滑槽倾倒混凝土，防止混凝土发生离析。

A. 2m　　B. 4m　　C. 9m　　D. 10m

答案：A

42. 一般管径小于(　　)的浅槽通常采用压绳法下管，大管径的深槽下管应修筑马道。

A. 800mm　　B. 600mm　　C. 400mm　　D. 170mm

答案：B

43. 龙门板一般在窨井处或沿管道方向每隔(　　)处设置一块，通常跨槽设置。

A. 20～60m　　B. 30～40m　　C. 40～50m　　D. 80～90m

答案：B

44. 龙门板上口改正数的公式是(　　)。

A. 改正数>龙门板上口前视数+应读前视数　　B. 改正数<龙门板上口前视数－应读前视数

C. 改正数≤龙门板上口前视数+应读前视数　　D. 改正数=龙门板上口前视数－应读前视数

答案：D

45. 建议钢筋混凝土承插管采用“(　　)”型橡胶圈接口。

A. W　　B. K　　C. O　　D. H

答案：C

46. 钢筋混凝土企口管采用“(　　)”型橡胶圈接口。

A. b　　B. g　　C. q　　D. e

答案：C

47. 闭水试验时，仔细检查每个(　　)和沟管的渗漏情况，并做好记录。试验不合格时，应进行修补后重新试验，直至合格为止。

A. 接缝　　B. 管道　　C. 管口　　D. 管缝

答案：A

48. 护管高度大于(　　)时，混凝土要分层浇捣，每层厚度不得大于30cm，以提高混凝土浇捣的密实度，使混凝土强度达到设计要求。

A. 30cm　　B. 40cm　　C. 50cm　　D. 60cm

答案：A

49. 遇到支护临近有建筑物时，接近路面的(　　)块横板应留撑一段时间，待沟槽内土体基本沉实稳定后再予拆除。以免过早拆除造成地面开裂，影响建筑物。

A. 2～3　　B. 4～6　　C. 8～9　　D. 11～13

答案：A

50. 回填土木夯实要求(　　)一层，机械夯实要求20～25cm一层。回填密实度应符合质量标准。

A. 10cm　　B. 15cm　　C. 20cm　　D. 30cm

答案：D

51. 下列不属于质量管理措施的是(　　)。

A. 建立质量管理组织机构　　B. 建立质量管理制度

C. 制定对资源供方及分包方的质量管理措施　　D. 分析影响进度的关键工作

答案：D

52. 在施工时，当主顶油缸的推力达到了设计总推力的(　　)时，就必须安装中继间。

A. 40%　　B. 50%　　C. 60%　　D. 70%

答案：D

53. 应分片进行喷射作业，施喷顺序应该为(　　)，喷射时务必要注意要努力让喷出的砼层面做到光滑、平顺。

A. 边墙—拱脚—拱顶　　B. 边墙—拱顶—拱脚

C. 边角—拱脚—拱顶　　D. 边墙—拱边—拱顶

答案：A

54. (　　)及配套的标准图集，是工程量计算的基础资料和基本依据。

A. 施工计划　　B. 施工图纸　　C. 施工组织　　D. 施工设施

答案：B

55. 为了保证工程量计算的精确度，工程数量的有效位数应遵守以下规定：以“m^3”“m^2”“m”为单位，应保留小数点后(　　)位数字，第(　　)位四舍五入；以“个”“项”等为单位，应取整数。

A. 1，2　　B. 2，3　　C. 3，4　　D. 4，5

答案：B

56. 在通长构件中，当其中截面有变化时，可采取(　　)，如多跨连续梁。

A. 快速计算　　B. 分段计算　　C. 分层计算　　D. 分区域计算

答案：B

57. 按具体施工情况进行计算：一般应做到按施工要求(　　)计算。不同的结构类型组成的建筑，按不同结构类型分别计算。

A. 快速　　B. 分段　　C. 分层　　D. 分区域

答案：B

58. (　　)是在施工过程中形成的各种记录表格，是确保工程质量和安全的各种检查、记录的统称。

A. 设计图纸　　B. 施工图纸　　C. 施工记录　　D. 施工数据

答案：C

59. 编号栏编号的填写必须按固定的编号规则进行，填写位置在表格的(　　)。

A. 左上角　　B. 左下角　　C. 右下角　　D. 右上角

答案：D

60. 生产调度管理是指对生产计划、实施、检查、总结(PDCA)循环活动的管理，是生产管理的(　　)环节。

A. 重要　　B. 核心　　C. 中心　　D. 主要

答案：C

二、多选题

1. 气体检测仪中需要洁净空气环境中开机，完成设备的(　　)。

A. 检查　　B. 启动　　C. 预热　　D. 自检

答案：CD

2. 防护手套是保护使用者手部以防止受到(　　)伤害的防护用具。

A. 伤冻　　B. 机械　　C. 腐蚀性　　D. 毒害性化学

答案：BCD

3. 自吸式长管呼吸器由面罩、背带、腰带、警示板(　　)等组成。

A. 吸气软管　　B. 导气管　　C. 空气输入口　　D. 出气管

答案：ABC

4. 机械绞车疏通操作中，关于作业前描述正确的是(　　)。

A. 检查绞车各零部件及防护设施应完整

B. 检查自备液压动力站是否正常

C. 钢丝绳有死折或断股

D. 各种配套工具不完好

答案：AB

5. 进度保证措施的管理措施包括(　　)。

A. 资源保证措施　　B. 资金保障措施　　C. 沟通协调措施　　D. 分析影响进度的关键工作

答案：ABC

6. 以下关于护目镜功能机理的描述正确的是(　　)。

A. 护目镜是防止化学飞溅物、有毒气体和烟雾、金属飞屑、电磁辐射、激光等对眼镜伤害的防护用品

B. 护目镜的防护机理是高强度的镜片材料可防止金属飞屑等对眼部造成物理伤害

C. 护目镜的防护机理是高软强度的镜片材料可防止金属飞屑等对眼部造成物理伤害

D. 镜片能够对光线中某种波段的电磁波进行选择性吸收，进而可以减少某些波长通过镜片的量，减轻或防止对眼睛造成伤害

答案：ABD

7. 防尘口罩存储时避免(　　)，远离污染环境和具有腐蚀性的物品周围，防止物体挤压。

A. 干燥环境　　B. 低温环境　　C. 潮湿环境　　D. 高温环境

答案：CD

8. 气体检测仪读数不稳可能出现的原因有(　　)。

A. 稳定时间不够　　B. 传感器失效　　C. 电路故障　　D. 干扰

答案：ABCD

9. 以下关于风机的日常维护与存储描述正确的是(　　)。

A. 保持叶轮的清洁状态，定期除尘防锈

B. 经常检查轴承的润滑状态，及时足量加注润滑油

C. 检查紧固件状态，出现松动时及时拧紧

D. 风机应保存在洁净、潮湿、避免阳光直射和暴晒的环境中，且不能与油漆等有挥发性的物品存储在同一密闭空间

答案：ABC

10. 安全梯的应用注意事项包括(　　)。

A. 使用前必须对安全梯进行安全检查，检查梯子是否有损坏、缺挡、磨损、断股等情况

B. 除非专门设计为多人使用，否则梯子上同时只允许2人作业

C. 折梯的上部第二踏板为最高站立高度，应涂绿色标志；梯子上第一踏板不得站立或超越

D. 在室外大风环境下不宜使用软梯

答案：AD

11. 检查电缆插头合格的应该是(　　)。

A. 无破损　　B. 无污物　　C. 无积水　　D. 插针顺直

答案：ABCD

12. 机械绞车配套工具包括(　　)。

A. 管口导向轮架　　B. 辅助人力绞车　　C. 液压动力站　　D. 手持导轮

答案：ABCD

13. 高压射流车疏通操作中，有关作业准备描述正确的是(　　)。

A. 不需要检查水箱水量是否充足

B. 高压胶管是否破裂或老化，如有损坏应及时更换

C. 检查高压射流车操作面板仪表，操作按钮或开关阀是否正常

D. 检查配套工具是否齐全

答案：BCD

14. 雨水口质量规定正确的是(　　)。

A. 井周回填应符合要求

B. 雨水口位置符合设计要求；内壁勾缝应直顺，不得漏勾、脱落

C. 井框、井篦应完整、无损，安装平稳、牢固

D. 支管应直顺，管内应清洁，有错口、反坡，管内接口灰浆外露的

答案：ABC

15. 以下检查井整修操作规程的一般规定的描述正确的(　　)。

A. 井室砌完后，应及时安装井盖

B. 在道路面上的井盖面应与路面平齐

C. 检查井设置在田间、绿地内时，其并盖宜高出地面20cm左右

D. 井室及沟槽还土前，应将所有未接通预留管接口堵死

答案：ABD

16. 吸污车抽排操作中，关于排卸操作描述错误的是(　　)。

A. 将吸污胶管朝向蓄污池外

B. 将四通阀门后柄拉至与地面平行，开启防溢阀，使其手柄与管路轴线平行即可；将变速器挂入空挡，然后启动发动机，分离离合器，将取力器开关向后拉即挂挡取力，真空泵开始运转

C. 罐体内污液排卸完后，驾驶员应及时将取力器操纵柄向前推即脱挡，真空泵停止运转

D. 将加油箱直通旋塞旋柄板与进油箱轴线平行即关闭，冲洗胶管后，将其放回走台箱关好边门，并使吊杆朝向驾驶室下方

答案：AD

17. 高压射流车疏通操作规程中，有关作业前准备描述正确的是(　　)。

A. 检查高压射流车操作面板仪表，操作按钮或开关阀是否正常

B. 高压胶管是否破裂或老化，如有损坏可以不及时更换

C. 检查水箱水量是否充足(加注清水)

D. 检查配套工具是否齐全，如护管、井口导轮支架、型号喷头以及管钳等工具

答案：ACD

18. 机械绞车疏通操作中，有关作业前描述错误的是(　　)。

A. 检查绞车各零部件及防护设施应完整无效　　B. 检查自备液压动力站是否正常

C. 钢丝绳有死折或断股　　D. 各种配套工具不完好

答案：ACD

19. 气体检测仪一般可检测的气体有(　　)。

A. 氧气　　B. 硫化氢　　C. 一氧化碳　　D. 天然气

答案：ABC

20. 吸污车抽排操作规程中，有关作业前准备描述正确的是(　　)。

A. 检查车辆底盘润滑油、冷却液、变速箱油、尿素溶液等液位正常

B. 检查上装设备液压油、真空泵润滑油液位正常，油质合格

C. 检查三、四级过滤器水位合格，水质干净

D. 检查真空泵放水阀门，确认处于开启状态

答案：ABC

21. 缺陷规模包括(　　)。

A. 缺陷规模是指缺陷在管道内所覆盖面积的大小，它有四种形态，即点、线、面和立体

B. 点状缺陷通常是指其纵向延伸长度不大于0.5m的缺陷，环向长度可不必考虑，常见的缺陷如渗漏、密封材料脱落等

C. 线状缺陷通常是指纵向延伸长度大于0.5m，且边界清晰而又呈线状的缺陷，常见如裂纹

D. 面状缺陷相对线状缺陷而言，边界一般比较模糊，形状不规则，表现出成片的状态，比较典型的如腐蚀、结垢等

E. 立体状的缺陷一般是指管道内的堆积物，比如淤积、障碍物等

答案：ABCDE

22. 液压皮堵封堵操作包括(　　)。

A. 选择适用管型规格的皮堵　　B. 检查皮堵外观是否完好无损坏、老化等现象

C. 检查液压泵油量是否正常　　D. 正确连接气泵和皮堵

答案：ABC

23. 现场固化内衬法工艺操作要求包括(　　)。

A. 准备工作：在施工井上部制作翻转作业台，在到达井内或管道的中间部设置挡板等工作；要使之坚固，稳定，以防止事故发生，影响正常工作

B. 翻转送入辅助内衬管：为保护树脂软管，并防止树脂外流影响地下水水质，彻底保护好树脂软管，故采取先翻转放入辅助内衬管的方法，做到万无一失；要注意检查各类设备的工作情况，防止机械故障

C. 树脂软管的翻转准备工作：在事先已准备的翻转作业台上，把通过保冷运到工地的树脂软管安装在翻转头上，接上空压机等；如果天气炎热，要在树脂软管上加盖防护材料以免提前发生固化反应影响质量

D. 翻转送入树脂软管：在事先已铺设好的辅助内衬管内，应用压缩空气和水把树脂软管通过翻转送入管内；此时要防止材料被某一部分障碍物勾住或卡住而不能正常翻转

答案：ABCD

24. 聚酯纤维毡必须符合的要求有(　　)。

A. 与热固性树脂有良好的相容性

B. 有良好的耐酸碱性

C. 有足够的抗拉伸、抗弯曲性能，有足够的柔性以确保能承受安装压力，翻转时适应不规则管径的变化或弯头

D. 有良好的耐热性，能够承受树脂固化温度

答案：ABCD

25. 当管道需采取临时排水措施时，应符合的规定有(　　)。

A. 对原有管道进行封堵应按《城镇排水管渠与泵站运行、维护及安全技术规程》(CJJ 68—2016)执行

B. 当管堵采用充气管塞时，应随时检查管堵的气压，当管堵气压降低时应及时充气

C. 当管堵上、下游有水压力差时，应对管堵进行支撑

D. 临时排水设施的排水能力应能确保各修复工艺的施工要求

答案：ABCD

26. 施工组织设计编制原则包括(　　)。

A. 符合施工合同有关工程进度、质量、安全、环境保护及文明施工等方面的要求

B. 优化施工方案、达到合理的技术经济指标、具有先进性和可实施性

C. 结合工程特点推广应用新技术、新工艺、新材料、新设备

D. 推广应用绿色施工技术、实现节能、节地、节水、节材和环境保护

E. 灌浆采用425普通硅酸盐水泥，灌注水灰比为1:1，对空隙大的部位灌注水泥砂浆，比重大于水泥重量的200%

答案：ABCD

27. 安全管理保证措施包括(　　)。

A. 建立安全施工管理组织机构，明确职责及权限建立适应工程特点的安全管理制度；根据危险源识别和评价的结果，按工程内容和岗位职责对安全目标进行分解，并制定必要的控制措施

B. 根据工程的特点和施工方法编制安全专项施工方案目录及需专家论证的安全专项方案目录

C. 确定安全施工管理资源配置计划

D. 管理措施包含资源保证措施、资金保障措施、沟通协调措施

答案：ABC

28. 对于施工过程中可能发生的事故的紧急情况编制应急措施，主要包括(　　)。

A. 建立应急组织机构，组建应急救援队伍并明确职责和权限

B. 分拆施工过程可能发生的地点和可能造成的后果，制定事故应急处置程序、现场应急处置措施及定期演练计划

C. 应急物资和准备保障

D. 施工现场环境保护措施主要内容：扬尘、烟尘防治措施；噪声防治措施生活、生产污水排放控制措施；固体废弃物管理措施；水土流失防治措施

答案：ABC

29. 治安管理包括(　　)。

A. 建立现场治安保卫领导小组，有专人管理

B. 新入场的人员做到及时登记，做到合法用工按照治安管理条例和施工现场的治安管理规定搞好各项管理工作

C. 建立门卫值班管理制度，严禁无证人员和其他闲杂人员进入施工现场，避免安全事故和失盗事件的发生

D. 展开卫生防病教育，准备必要的医疗设施

答案：ABC

30. 工程量是按每一分项工程，根据设计图纸计算的。计算时所采用的数据，都必须以施工图纸所示的尺寸为标准进行计算，不得任意(　　)各部位尺寸。

A. 改变　　B. 加大　　C. 缩小　　D. 删除

答案：ABCD

三、简答题

1. 简述聚合物水泥砂浆喷涂施工要求。

答：1)表面准备应符合喷涂前预处理要求。

2)直径≥1500mm 的管道，需要沿轴线和环向进行切槽处理。

3)喷涂施工前应使环境温度保持在5℃及以上、相对湿度小于85%，基层表面温度不低于15℃。必要时可利用间接式加热器对基层进行烘干。

4)喷涂料混配应符合产品供应商的要求。

5)喷涂施工前，材料需进行热处理至设计温度。

6)喷涂作业施工应符合高强度聚氨酯喷涂工艺要求。

7)涂层修补应符合涂层厚度及缺陷处理要求。

8)高强度聚氨酯用于给水排水管道的半结构性修复、防渗和防腐工程时其性能应符合给水排水管道喷涂高强度聚氨酯性能要求。

2. 简述墙体腐蚀修复方法。

答：排水检查井因年久失修或者因环境潮湿，墙体出现骨料外露，钢筋外露锈蚀时，需做墙体修复处理。检查井表面处理的方法有三种：砂浆涂层修复、速凝水泥修复、树脂喷涂固化修复。

1)砂浆涂层修复：将墙体表面清理干净后，用高压水车冲洗干净，根据腐蚀程度进行抹面。抹面厚度可以控制在0.6~2.4cm，腐蚀程度十分严重时，可喷涂环氧树脂作为最外壁涂层，形成有效的抗腐蚀表面。

2)速凝水泥修复：由于速凝水泥的凝固时间极短，所以该修复方法只适用于即时修复检查井出现渗漏的部位，填充结构中的裂隙。速凝水泥可以是粉状或者稠膏状的，用手或泥铲人工迅速涂抹在墙体渗漏的位置。

3)树脂喷涂固化修复

(1)铁树脂是一种不含任何有机挥发物、自我成型、刚性喷涂材料。根据铁树脂的物理性能和化学性能，它可以很好的给检查井提供结构修复、结构补强、防渗和防腐性能。

(2)在喷涂前，首先要做表面砂浆找平处理，找平层厚度不大于2cm。

(3)如遇到严重渗漏，需用注浆材料将严重渗漏处做临时堵漏处理。

(4)在喷涂前，应对所喷涂表面进行烘干，基底干燥度检测合格后，方可涂刷或喷涂底涂料。基底修复条件要求大于24℃，表面干燥。

3. 窨井闭水试验的操作方法。

答：1)将闭水检验的管道接通相邻两只窨井，也可接通一只窨井，并封堵管口，以窨井代替磅筒进行闭水检验。

2)闭水试验时，仔细检查每个接缝和沟管的渗漏情况，并做好记录。试验不合格时，应进行修补后重新试验，直至合格为止。

3)渗漏量=一定时间内窨井内水位下降的高度×井内孔的断面积闭水检验合格后拆除封墙。

四、实操题

1. 简述气体检测仪操作规程。

答：1）检查气体检测仪外观是否完好，检查气管有无破损漏气，均检查完好后方可使用。

2）在洁净空气环境中开机，完成设备的预热和自检。

3）气体检测仪自检结束后，若浓度值显示非初始值时，应进行“调零”复位操作或更换仪器。

4）气体检测仪自检正常后，开始进行实际环境监测。

5）显示的检测数值稳定后，读数并记录。

6）检测工作完成后，应在洁净的空气环境内待仪器内气体浓度值复位后关机。

7）清洁仪器后妥善存放。

2. 以“JC031型”液压绞车为例，介绍其工作中的操作步骤。

答：使用“JC031型”液压绞车操作步骤：

1）绞车现场布置：将绞车按相邻井中心连线方向，推至检查井外侧，机械绞车置于下游检查井处，辅助绞车位于上游检查井。

2）设置车轮架：垂直按下扶手，松开车轮架挂钩，使车轮架平稳落地。

3）设置定位架：卸下定位架保险销，放下定位板置于井口，使定位架顶紧检查井井圈内侧。

4）设置斜撑：卸下斜撑杆保险销，向下旋转斜撑杆与定位架连接，插好保险销。

5）设置穿管器：利用穿针引线方式将穿管器从上游管口穿至下游管口，连接机械绞车钢丝绳后，原位抽出穿管器，将机械绞车钢丝绳带出上游管口。

6）安装疏通器具：将疏通器具（松泥耙、簸箕、刮泥板）前端连接机械绞车钢丝绳，尾端连接辅助绞车钢丝绳后，放入下游管口内。

7）设置手持导轮/导向支架：钢丝绳置于手持导轮下方，导轮上方平面顶紧管顶内壁；钢丝绳置于三角导轮下方，单杆顶紧管口上方10cm处。

8）连接液压管：将液压动力站两条液压管按照型号与绞车连接，另一端与液压动力站连接。

9）启动液压动力站：将流量选择阀杆拨到5GPM；启动发动机；将流量阀杆上向拨，液压油输出，开始工作。

10）启动液压绞车：启动液压动力绞车，将上方的操纵杆向前推，钢丝绳卷绳器将倒转开始收回钢绳牵引渣斗在管道内滑动，起到清疏通管道的作用。将上方的操纵杆向后推，钢丝绳卷绳器将正转钢丝绳放出。将疏通器具从上游管口牵引至下游管口，利用掏锹将推出管口的污泥掏挖出检查井。

第五章

高级技师

第一节　安全知识

一、单选题

1. 持续缺氧(　　)以上会使大脑皮层细胞发生不可逆性坏死。

A. 1min　B. 2min　C. 3min　D. 4min

答案：B

2. 由于缺氧昏倒后，(　　)会波及全脑并最终导致死亡。

A. 3～4min　B. 5～6min　C. 7～8min　D. 9～10min

答案：C

3. 巡查、养护、应急抢险机械操作事故不包括(　　)。

A. 作业过程中出现打开井盖不慎砸脚　B. 下井不慎引发坠落、撞伤等事故

C. 操作设备时不慎引起的机械伤害、触电等事故　D. 有毒有害气体造成窒息

答案：D

4. 用电安全中的一般场所是指空气相对湿度(　　)的干燥场所。

A. ≤55%　B. ≤65%　C. ≤75%　D. ≤85%

答案：C

5. 用电安全中的一般场所是指气温不高于(　　)的场所。

A. 20℃　B. 30℃　C. 40℃　D. 50℃

答案：B

6. 安全网绳头部分应经过(　　)处理，不应散开。

A. 编花　B. 修剪　C. 裁断　D. 裁分

答案：A

7. 用电安全中的危险场所是相对湿度长期处于(　　)的潮湿场所。

A. 85%以上　B. 75%以上　C. 65%以上　D. 55%以上

答案：B

8. 用电安全中有活性化学媒质放出腐蚀性气体或液体的场所属于(　　)。

A. 一般场所　B. 危险场所　C. 高度危险场所　D. 相对危险场所

答案：C

9. 安全带使用两年以后需用(　　)的沙袋做自由落体试验进行检查。

A. 60kg　B. 70kg　C. 80kg　D. 100kg

答案：C

10. 安全网所用的网绳、边绳、系绳、环绳均应由不小于(　　)股单绳制成。

A. 1　　B. 2　　C. 3　　D. 4

答案：C

11. 安全网网目边长不应大于(　　)，安全网的系绳与网体应牢固连接。

A. 60m　　B. 70m　　C. 80m　　D. 90m

答案：C

12. 通常以触电危险程度来考虑，施工现场的环境可划分为一般场所、危险场所和(　　)。

A. 低度危险场所　　B. 无危险场所　　C. 高度危险场所　　D. 非常危险场所

答案：C

13. 按触电危险程度来考虑，施工现场有导电泥的场所是(　　)。

A. 无危险场所　　B. 一般场所　　C. 危险场所　　D. 高度危险场所

答案：C

14. 按触电危险程度来考虑，施工现场有塑料地板的场所是(　　)。

A. 无危险场所　　B. 一般场所　　C. 危险场所　　D. 高度危险场所

答案：B

15. 安全网系绳形状应为环形，悬挂前的长度不可以为(　　)。

A. 40mm　　B. 50mm　　C. 70mm　　D. 80mm

答案：D

16. 按触电危险程度来考虑，施工现场有蒸汽环境的场所是(　　)。

A. 无危险场所　　B. 一般场所　　C. 危险场所　　D. 高度危险场所

答案：D

17. 按触电危险程度来考虑，施工中常处于水湿润的场所是(　　)。

A. 无危险场所　　B. 一般场所　　C. 危险场所　　D. 高度危险场所

答案：C

18. 用电施工作业严格执行施工环境要求的作业规程，需佩戴(　　)防护用具。

A. 防触电　　B. 防火灾　　C. 防坠落　　D. 绝缘鞋

答案：A

19. 无论哪种瓶阀都有安全螺塞，瓶内气体超压时(　　)会自动爆破泄压，从而保护气瓶，避免气瓶爆炸造成危害。

A. 钢片　　B. 安全膜片　　C. 安全片　　D. 安全螺塞

答案：B

20. 当气瓶压力降到(　　)区间时，报警器开始声响报警，持续报警到气瓶压力小于(　　)时为止。

A. (5.5±1)MPa，0.5MPa　　B. (5.5±0.5)MPa，0.5MPa

C. (5.5±1)MPa，1MPa　　D. (5.5±0.5)MPa，1MPa

答案：D

21. 扩散式气体检测仪主要依靠空气自然扩散将气体样品带入检测仪中与(　　)接触反应。

A. 感应器　　B. 继电器　　C. 传感器　　D. 接触器

答案：C

22. 扩散式气体检测仪优点是将气体样本直接引入(　　)。

A. 感应器　　B. 继电器　　C. 传感器　　D. 接触器

答案：C

23. 扩散式气体检测仪缺点是(　　)。

A. 流量不稳定　　B. 耗电量大

C. 采样速度慢　　D. 无法进行远距离采样检测

答案：D

24. 扩散式检测仪加装外置采样泵后可转变为(　　)气体检测仪。

A. 磁吸式　B. 螺旋式　C. 盘式　D. 泵吸式

答案：D

25. 正压式空气呼吸器钢制瓶的空气呼吸器重达(　　)。

A. 13.5kg　B. 14.5kg　C. 15.5kg　D. 16.5kg

答案：B

26. 正压式空气呼吸器复合瓶空气呼吸器一般重(　　)。

A. 6~7kg　B. 7~8kg　C. 8~9kg　D. 9~10kg

答案：C

27. 正压式空气呼吸器瓶内气体超压时安全膜片会(　　)。

A. 自动开口　B. 没有反应　C. 自动报警　D. 自动爆破泄压

答案：D

28. 下列不属于正压式空气呼吸器气瓶瓶减压器组成的是(　　)。

A. 压力表　B. 报警器　C. 中压导气管　D. 气体检测器

答案：D

29. 正压式空气呼吸器气瓶当气瓶压力降到(　　)区间时，报警器开始声响报警。

A. (3.5±0.5)MPa　B. (4.5±0.5)MPa　C. (5.5±0.5)MPa　D. (6.5±0.5)MPa

答案：C

30. 在存在有毒气体或蒸汽的环境下使用的防护服应该使用(　　)。

A. 一般防护服　B. 化学防护服　C. 防酸(碱)服　D. 防水服

答案：B

31. 锥形交通路标非渐变段锥筒最大间距随限速由低到高可取(　　)。

A. 1~5m　B. 2~10m　C. 2~15m　D. 5~20m

答案：B

32. 锥形交通路标作业现场后方沿(　　)角放置。

A. 30°　B. 35°　C. 45°　D. 60°

答案：C

33. (　　)标志用以显示作业区及其附近道路的基本信息。

A. 可变信息　B. 作业区　C. 指示　D. 警告

答案：A

二、多选题

1. 安全网绳头部分应经过(　　)处理，不应散开。

A. 编花　B. 燎烫　C. 修剪　D. 裁断

答案：AB

2. 安全网系绳形状应为环形，悬挂前的长度可以为(　　)。

A. 40mm　B. 50mm　C. 70mm　D. 80mm

答案：ABC

3. 以下属于巡查、养护、应急抢险机械操作事故的是(　　)。

A. 作业过程中出现打开井盖不慎砸脚

B. 下井不慎引发坠落、撞伤等事故

C. 操作设备时不慎引起的机械伤害、触电等事故

D. 有毒有害气体造成窒息

答案：ABC

4. 按触电危险程度来考虑，施工现场有塑料地板的场所不属于(　　)。

A. 无危险场所　B. 一般场所　C. 危险场所　D. 高度危险场所

答案：ACD

5. 根据排水行业有限空间作业特点，进行有限空间作业时作业人员严禁使用(　　)。

A. 过滤式防毒面具　B. 半隔离式防毒面具　C. 氧气呼吸设备　D. 隔离式防毒面具

答案：ABC

6. 正压式空气呼吸器气瓶从容积上分有(　　)规格。

A. 3L　B. 6L　C. 9L　D. 12L

答案：ABC

7. 带水作业主要存在(　　)风险。

A. 人员溺水　B. 坠落　C. 触电　D. 中毒

答案：AC

8. 梯子从形式上可分为(　　)。

A. 移动直梯　B. 移动折梯　C. 移动软梯　D. 移动木梯

答案：ABC

9. 下列属于正压式空气呼吸器气瓶瓶减压器组成的是(　　)。

A. 压力表　B. 报警器　C. 中压导气管　D. 气体检测器

答案：ABC

三、简答题

1. 施工作业时触电防范设施与措施都包括哪些？

答：施工现场的触电防范设施包括：电动机械、电动工具、照明器。

防范措施包括：施工作业严格执行施工环境要求的作业规程，佩戴防触电防护用具。

2. 简述溺水的救援知识。

答：1)有条不紊将坠落溺水者从水中救起

(1)营救人员向坠落溺水者抛投救生物品。

(2)如坠落溺水者距离作业点、船舶不远，营救人员可向坠落溺水者抛投结实的绳索和递以硬性木条、竹竿将其拉起。

(3)为排水性较好的人员携带救生物品(营救人员必须确认自身处在安全状态下)下水营救，营救时营救人员必须注意从溺水者背后靠近，抱住溺水者将其头部托出水面游至岸边。

2)溺水者上岸后的应急处理

(1)寻找医疗救护。求助于附近的医生、护士或打“120”电话，通知救护车尽快送医院治疗。

(2)注意受伤者全身受伤情况，有无休克及其他颅脑、内脏等合并伤。急救时应根据伤情抓住主要矛盾，首先抢救生命，着重预防和治疗休克。

(3)等待医护人员时，应对不能自主呼吸、出血或休克的伤者先进行急救，如在将溺水吸入的水空出后及时进行人工呼吸同时进行止血包扎等。

(4)当怀疑有骨折时，不要轻易移动伤者。骨折部位可以用夹板或方便器材做临时包扎固定。

(5)搬运伤员是一个非常重要的环节。如果搬运不当，可使伤情加重，方法视伤情而定。如伤员伤势不重，可采用扛、背、抱、扶的方法将伤员运走。如果伤员有大出血或休克等情况，一定要把伤员小心地放在担架上抬送。如果伤员有骨折情况，一定要用木板做的硬担架抬运。让其平卧，腰部垫上衣服垫，再用三四根皮带将其固定在木板做的硬担架上，以免在搬运中滚动或跌落。

3)现场施救

在卫生员的指挥下，工作人员将伤员搬运至安全地带并开展自救工作。及时联络医院，将伤员送往医院检查、救护。

第二节　理论知识

一、单选题

1.(　　)是研究液体机械运行规律及其工程应用的一门科学。

A. 流体力学　　B. 热力学　　C. 物理学　　D. 物理化学

答案：A

2. 水的主要力学性质是指物体运动状态的改变都是受(　　)作用的结果。

A. 压力　　B. 外力　　C. 阻力　　D. 惯力

答案：B

3. 水的密度是指(　　)。

A. 单位体积物体所含的质量　　B. 单位长度物体所含的质量

C. 单位面积物体所含的质量　　D. 单位时间流过物体的体积

答案：A

4. 水的密度单位正确的是(　　)。

A. kg/m　　B. m^3/kg　　C. kg/m^3　　D. mm/m^3

答案：C

5. 水的黏滞系数对(　　)变化较为敏感。

A. 温度　　B. 压力　　C. 阻力　　D. 压强

答案：A

6.(　　)受外力作用发生变形，当外力撤除后(外力不超过弹性限度时)，有恢复原状的能力，这种性质称为物体的弹性。

A. 固体　　B. 液体　　C. 气体　　D. 物体

答案：A

7. 一般情况下，排水管渠内的水流雷诺数 Re 远大于(　　)，管渠内的水流处于紊流流态，因此在对排水管网进行水力计算时均按紊流考虑。

A. 2000　　B. 3000　　C. 4000　　D. 5000

答案：C

8. 管渠的沿程水头损失常用谢才公式计算，其形式为(　　)。

A. $h_f = \frac{v^2}{C^2R}l$　　B. $h_f = \lambda \frac{l}{d} \frac{v^2}{2g}$　　C. $\lambda = \frac{8g}{c^2}$　　D. $h_j = \zeta \frac{v^2}{2g}$

答案：A

9. 结果图加深图线底稿完成以后要检查一下，将不需要的线条擦去，按国标规定的线型及画法加深图线。凡剖切到的轮廓线为(　　)的粗实线，未剖到的轮廓线为0.4mm的中实线，尺寸标注线为0.2mm的细实线等。

A. 0.3~0.6mm　　B. 0.5~0.8mm　　C. 0.6~0.8mm　　D. 0.6~10mm

答案：C

10. 以下图中表示气动阀的是(　　)。

A. 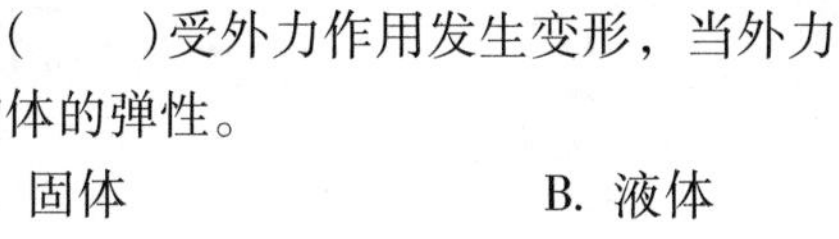 DN≥50　DN<50

B.

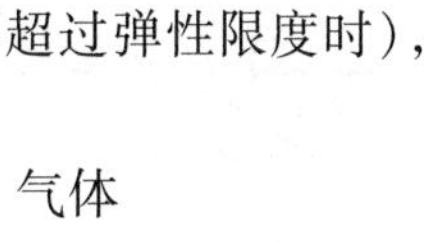

C.

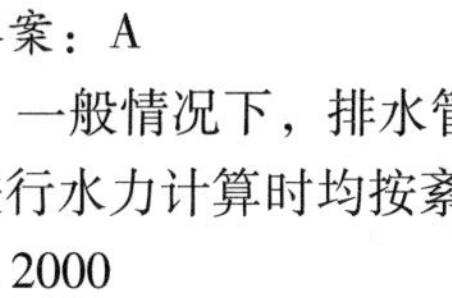

D.

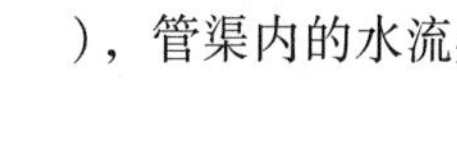

答案：D

11. 以下图中表示隔膜阀的是(　　)。

A. 　　　　B. 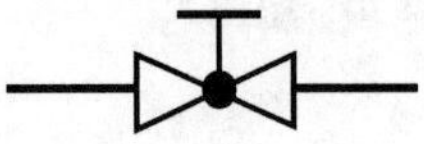　　　　C. 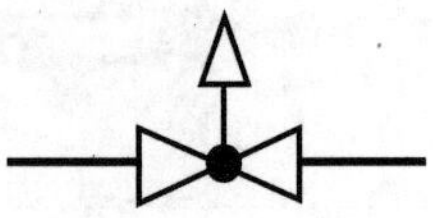　　　　D.

答案：B

12. 以下图中表示气开隔膜阀的是(　　)。

A. 　　　　B. 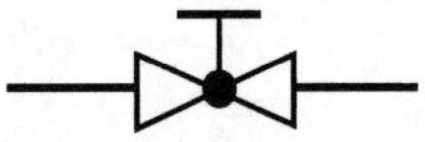　　　　C. 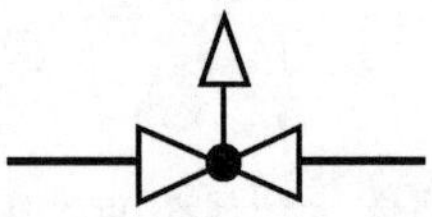　　　　D.

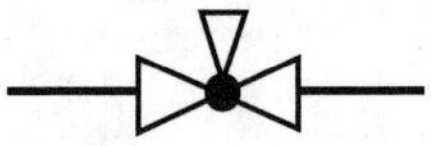

答案：C

13. 以下图中表示球阀的是(　　)。

A. 　　　　B. 　　　　C. 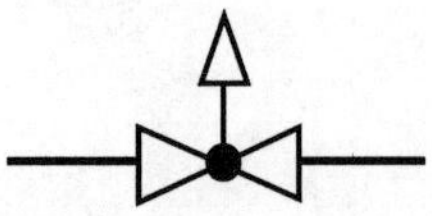　　　　D.

答案：A

14. 以下图中表示气闭隔膜阀的是(　　)。

A. 　　　　B. 　　　　C. 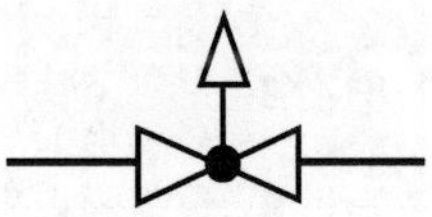　　　　D.

答案：D

15. 以下图中表示压力调节阀的是(　　)。

A. 　　　　B. 　　　　C. 　　　　D.

答案：B

16. 世界上最早出现排水管道的国家是(　　)。

A. 日本　　B. 韩国　　C. 德国　　D. 中国

答案：D

17. 在公元前(　　)左右时，现陕西省西安市的秦始皇陵，出现了五角形陶土排水管道。

A. 200 年　　B. 201 年　　C. 211 年　　D. 220 年

答案：C

18. 水在使用过程中受到不同程度的污染，改变了原有的(　　)和物理性质，这些水称作污水或废水。

A. 分子结构　　B. 化学成分　　C. 质量　　D. 化学组织

答案：B

19. 1911 年德国已建成(　　)座污水处理厂。

A. 50　　B. 60　　C. 70　　D. 80

答案：C

20. 1957 年西德的家庭污水入网率仅(　　)。

A. 40%　　B. 50%　　C. 60%　　D. 70%

答案：B

21. 1979 年东京污水入网率达到(　　)。

A. 50%　　B. 70%　　C. 90%　　D. 100%

答案：B

22. 检查井井身的构造一般有收口式、(　　)两种。

A. 缩口式　　B. 敞口式　　C. 盖板式　　D. 铸铁式

答案：C

23. 1987年前西德污水的入网率已达到(　　)。

A. 80%　　B. 90%　　C. 95%　　D. 98%

答案：C

24. 人类在公元前(　　)创造了古代的排水管道。

A. 2000年　　B. 2200年　　C. 2500年　　D. 2300年

答案：C

25. 在(　　)世纪初期创造了污水处理。

A. 18　　B. 19　　C. 20　　D. 21

答案：C

26. 在(　　)世纪中期创造了水回用技术。

A. 18　　B. 19　　C. 20　　D. 21

答案：C

27. 由水处理发展到再生水循环回用，前后有将近(　　)多年的历史。

A. 3500　　B. 4500　　C. 5500　　D. 6500

答案：B

28. 中国最早的城垣遗址，出现在史前新石器时代的(　　)。

A. 早期　　B. 中期　　C. 晚期　　D. 后期

答案：C

29. 雨水口的构造包括进水箅、连接管和(　　)三类

A. 主管　　B. 支管　　C. 连接管　　D. 水泥

答案：B

30. 到了(　　)时，已步入封建社会，并已进入铁器时代。

A. 西汉　　B. 东汉　　C. 秦王朝　　D. 东周

答案：A

31. 在公元前(　　)左右时，现河南省的平粮台古城遗址，首先出现了圆形陶土排水管。

A. 2000年　　B. 2200年　　C. 2300年　　D. 2500年

答案：D

32. 唐朝长安城砖砌排水暗沟的断面为(　　)。

A. 1. 04m^2　　B. 2. 04m^2　　C. 3. 04m^2　　D. 4. 04m^2

答案：A

33. 隋唐时期长安城，含光门遗址以西的城墙下，发掘出一座大型砖砌排水暗沟，其沟顶采用的是拱形结构，沟宽(　　)。

A. 0. 2m　　B. 0. 4m　　C. 0. 6m　　D. 0. 8m

答案：C

34. 隋唐时期长安城，含光门遗址以西的城墙下，发掘出一座大型砖砌排水暗沟，全高(　　)。

A. 1. 2m　　B. 1. 4m　　C. 1. 6m　　D. 1. 8m

答案：D

35. 隋唐时期长安城，含光门遗址以西的城墙下，发掘出一座大型砖砌排水暗沟，沟墙与拱顶的砖砌体结构厚度均为(　　)。

A. 0. 92m　　B. 0. 93m　　C. 0. 94m　　D. 0. 95m

答案：D

36. 隋唐时期长安城，含光门遗址以西的城墙下，发掘出一座大型砖砌排水暗沟，沟内设有三根(　　)方铁粗柱作为铁栅，防范外人穿过。

A. 8cm　　B. 9cm　　C. 10cm　　D. 11cm

答案：C

37. 弧形素土基础是在原土上挖一弧形管槽(通常采用90°弧形)，管道落在弧形管槽里。这种基础适用于

无地下水、原土能挖成弧形的干燥土壤，管道直径小于600mm的混凝土管、钢筋混凝土管、陶土管，管顶覆土厚度在(　　)之间的污水管道，不在车行道下的次要管道及临时性管道。

A. 0.7～1.0m　　B. 0.7～2.0m　　C. 0.8～1.0m　　D. 0.8～2.0m

答案：B

38. 排水管道一般是靠(　　)按重力输水。

A. 地形高差　　B. 地物的现状　　C. 水流的流向　　D. 水流大小

答案：A

39. 渠道中的最小允许不淤流速为(　　)。

A. 0.5m/s　　B. 0.6m/s　　C. 0.7m/s　　D. 0.8m/s

答案：A

40. 当地形高差相差很大，污水不能以重力流形式排至污水处理厂时，可分别在高地区和(　　)布置管道，再应用跌水构筑物或抽水泵站将不同地区各系统管道联在一起，使全地区污水排至污水处理厂。

A. 重点区　　B. 特定地区　　C. 低地区　　D. 敏感区

答案：C

41. 在密闭容器内使用氩气、二氧化碳或氦气进行焊接作业时，必须在作业过程中通风换气，使氧含量保持在(　　)以上。

A. 10.5%　　B. 15.5%　　C. 19.5%　　D. 25.5%

答案：C

42. 水务行业作为城市基础设施的重要组成部分，也顺应发展，引入智慧城市的理念，称之为“(　　)”。

A. 智慧水体　　B. 智慧水务　　C. 智慧排水　　D. 智慧下水

答案：B

43. 管渠的水流流速大小取决于水流的水力坡降和(　　)。

A. 水量的水力坡降　　B. 过水断面的粗糙度　　C. 坡度大小　　D. 沉淀淤积

答案：B

44. 智慧水务是大力发展(　　)、物联网、大数据等新一代信息技术产业。

A. 云存储　　B. 云模拟　　C. 云计算　　D. 云工作

答案：C

45. 智慧水务通过(　　)、智慧河网、智慧厂站、智慧防汛、智慧海绵等工程予以实施。

A. 智慧水厂　　B. 智慧自来水　　C. 智慧排水　　D. 智慧云端

答案：C

46. 洪抗涝实时监测子系统使防洪抗涝指挥部能够及时获取雨中、雨后的汛情分析、泵站运行的结果分析，为防洪抗涝工作提供(　　)的系统支撑。

A. 智慧化　　B. 多重　　C. 辅助工作　　D. 智能化

答案：D

47. 梯形明渠最小底宽不得小于(　　)。用砖石或混凝土块铺砌的明渠边坡，一般采用1:0.75～1:1.0。

A. 0.2m　　B. 0.3m　　C. 0.4m　　D. 0.5m

答案：B

48. 耐酸陶瓷管内径一般在400mm以内，最大可做到(　　)，管节长度有300mm、500mm、700mm、1000mm几种。

A. 600mm　　B. 700mm　　C. 800mm　　D. 850mm

答案：C

49. 高密度聚乙烯(HDPE)双壁波纹管，是一种具有环状结构外壁和平滑内壁的新型管材，20世纪(　　)年代初在德国首先研制成功。排水用HDPE双壁波纹管材是以聚乙烯树脂为主要原料，加入适量助剂，经挤出成型。具有重量轻、排水阻力小、耐腐蚀、施工方便等优点。

A. 60　　B. 70　　C. 80　　D. 90

答案：C

50. 排水管道的不透水性和耐久性，在很大程度上取决于敷设管道时接口的质量。管道接口应具有足够的强度、不透水、能抵抗污水或地下水的侵蚀并有一定的弹性。根据接口的弹性，接口形式一般分为(　　)。

A. 柔性、刚性和半柔性　　B. 柔性、刚性和半柔半刚性

C. 柔性、刚性和半刚性　　D. 柔性、刚性和非刚性

答案：B

51. 为保证测量精度，测量管段需满足10D的上游直管段和5D的下游直管段。对在泵、阀等管段处的测量点，其上游直管段要求大于(　　)。

A. 30D　　B. 50D　　C. 60D　　D. 70D

答案：A

52. (　　)是生产管理的核心环节，是指对生产计划、实施、检查、总结(PDCA)循环活动的管理。

A. 生产调度　　B. 生产中心　　C. 生产工作　　D. 生产部门

答案：A

53. (　　)一般包括实时监控生产各环节工作情况，了解生产运行状况，制定应急措施，根据生产需要合理调配人员、设备、物资等，及时发现生产进度计划执行过程中的问题，并积极采取措施加以解决；检查、督促和协助生产运行班组、业务部门及时做好各项生产作业工作。

A. 生产调度工作　　B. 生产计划编制　　C. 生产调度中心　　D. 生产部门

答案：A

54. (　　)的确定分为三个阶段，一是静态赋值，二是动态观测，三是周期分析。

A. 养护周期　　B. 养护时间　　C. 养护过程　　D. 巡查周期

答案：A

55. (　　)应该是一个持续调整周期规律的过程，直至所有设施被赋予不少于两次的养护记录。

A. 动态监测　　B. 动态观察　　C. 动态维护　　D. 静态监测

答案：A

56. (　　)清疏污泥处理站为北京市第一个清疏污泥处理站。

A. 北京清河　　B. 北京潮白河　　C. 北京拒马河　　D. 北京坝河

答案：A

57. (　　)区清疏污泥处理站为上海第一座清疏污泥处理站。

A. 上海浦江　　B. 上海虹口　　C. 上海宝山　　D. 上海松江

答案：B

58. 管道基础种类有多种形式，一般常用管道基础有(　　)种类型。

A. 5　　B. 6　　C. 7　　D. 8

答案：A

59. 无地下水侵害，而土质较松软的支线雨水合流管道属于(　　)基础。

A. 混凝土　　B. 砂砾垫层　　C. 弧型素土　　D. 灰土

答案：D

60. 在人工下管方法中，有大绳和吊链下管两种，大绳下管方式中还有许多下管办法，小于(　　)管径的浅槽通常采用压绳法下管，大管径的深槽下管应修筑马道。

A. 600mm　　B. 700mm　　C. 800mm　　D. 1000mm

答案：A

61. (　　)对组织设计(或方案)安全技术措施的执行情况跟踪管理，保证实施。

A. 工长　　B. 工程部负责人　　C. 工长及工程部负责人　　D. 项目负责人

答案：C

62. 传播时间法超声波流量计适用于较清洁的液体和气体，而多普勒法超声波流量计适用于测量含有一定杂质颗粒或气泡的液体，故可用于污水的流量测量。管径的适用范围为(　　)，从几米宽的明渠、暗渠到500m宽的河流也可适用。

A. 0.02～5m　　B. 0.02～6m　　C. 0.02～8m　　D. 0.02～10m

答案：A

63. (　　)级公共事故指突然发生，事态复杂，对一定区域内的公共安全、政治稳定和社会经济秩序造成严重危害或威胁，已经或可能造成重大人员伤亡、重大财产损失或严重生态环境破坏，需要调度多个部门、区县、相关单位力量和资源进行联合处置的紧急事件。

A. Ⅰ　　B. Ⅱ　　C. Ⅲ　　D. Ⅳ

答案：B

二、多选题

1. 水的密度随(　　)的变化而变化。

A. 压力　　B. 压强　　C. 阻力　　D. 温度

答案：BD

2. 竣工图的编制必须做到准确、完整和及时，图面应清晰，并符合长期安全保管的档案要求，具体应注意(　　)。

A. 完整性　　B. 准确性　　C. 及时性　　D. 触发性

答案：ABC

3. 以下可利用施工图改绘成竣工图的情况是(　　)。

A. 具备完整的施工图纸

B. 局部变动，如结构尺寸、简单数据、工程材料、设备型号等及其他不属于工程图形改动，并可改绘清楚的图纸

C. 施工图图形改动部分，在同一图幅中覆盖图纸面积不超过1/3

D. 小区支、户线工程改动部分，不超过工程总长度的1/5

答案：ABCD

4. 以下属于应重新绘制竣工图的情况是(　　)。

A. 施工图纸不完整，而具备必要的竣工文件资料

B. 施工图纸改动部分，在同一图幅中覆盖面积超过1/3，以及不宜利用施工图改绘清楚的图纸

C. 各种地下管线(小型管线除外)

D. 已完成竣工图

答案：ABC

5 以下不是水的密度单位的是(　　)。

A. kg/m　　B. m^3/kg　　C. kg/m^3　　D. mm/m^3

答案：ABD

6. 检查井设置条件包括(　　)、管道直线部分间隔距离在30~120m范围内。其间距大小决定于管道性质、管径断面、使用与养护上的要求而定。

A. 管道转向处　　B. 管道交汇处　　C. 管道断面和坡度变化处　　D. 管道高程改变处

答案：ABCD

7. 为了保持整个管道有良好的水流条件，直线井流槽应为直线型，转弯与交汇井流槽应成为圆滑曲线型，(　　)应与下游管径相同，至少流槽深度不得小于管径的1/2。

A. 流槽宽度　　B. 高度　　C. 弧度　　D. 面积

答案：ABC

8. 检查井井身的构造一般有(　　)。

A. 收口式　　B. 敞口式　　C. 盖板式　　D. 铸铁式

答案：AC

9. 雨水口的构造包括(　　)。

A. 进水箅　　B. 井筒　　C. 连接管　　D. 水泥

答案：ABC

10. 水在使用过程中受到不同程度的污染，改变了原有的(　　)，这些水称作污水或废水。

A. 分子结构　　B. 化学成分　　C. 物理性质　　D. 化学组织

答案：BC

11. 以下有关水力计算说法正确的是(　　)。

A. 须合理地确定溢流井的位置和数目

B. 水力计算方法同分流制中雨水管道

C. 按总设计流量设计，用旱季流量校核

D. 在压力流情况下，须保证接户管不致倒灌

答案：ABC

12. 管渠的水流流速大小取决于(　　)。

A. 水流的水力坡降　B. 过水断面的粗糙度　C. 坡度大小　D. 沉淀淤积

答案：AB

13. 排水管道一般是以重力自由流出式排水，因此要符合(　　)并且满足使用要求。

A. 地形　B. 地物现状　C. 水流流向　D. 水流大小

答案：ABC

14. 排水管道一般不采用环网状布置，一旦出现水量过大，超过管道排水负荷量或管道发生堵塞就会造成(　　)从而造成损失。

A. 污水漫流　B. 淹没街道　C. 污染环境　D. 影响交通

答案：ABCD

15. 当地形高差相差很大，污水不能以重力流形式排至污水处理厂时，可分别在(　　)布置管道，再应用跌水构筑物或抽水泵站将不同地区各系统管道联在一起，使全地区污水排至污水处理厂。

A. 重点区　B. 高地区　C. 低地区　D. 敏感区

答案：BC

16. 排水管线的布置应依据地形坡降，(　　)、城镇街道及建筑物布局、地下管线状况、城市建设发展等综合因素，采取比较方案、进行技术经济论证与可行性分析来确定管道系统布置方式。

A. 出水口位置　B. 使用要求　C. 排水体制　D. 水文地质条件

答案：ABCD

17. 态势指挥系统可实时读取(　　)。

A. 平均降雨量　B. 雨量站信息　C. 降雨量信息　D. 最大雨强

答案：BC

18. 通过河道智慧管理平台建设，使流域管理者全盘掌控流域内的(　　)等实时信息。

A. 水质　B. 水位　C. 水量　D. 气象

答案：ACD

19. GPS 车辆定位与监控子系统为城市(　　)的指挥调度提供辅助决策手段。

A. 防洪　B. 防寒　C. 抗涝抢险　D. 防旱

答案：AC

20. 养护周期的确定阶段分为(　　)。

A. 静态赋值　B. 动态观测　C. 养护赋值　D. 周期分析

答案：ABD

21. 根据检测目的不同管道内窥检测可分为(　　)。

A. 功能性检测　B. 结构性检测　C. 一般检测　D. 全面检测

答案：AB

22. 排水设施检测技术有(　　)。

A. 简单的目测法　B. 量泥斗检测法　C. 潜水检测法　D. 管道潜望镜检测

答案：ABCD

23. 排水设施应急事件的特点是(　　)。

A. 突发性　B. 公共性　C. 不确定性　D. 多样性

E. 危害性　F. 破坏性

答案：ABCDE

24. 态势标绘应急指挥系统实现了对(　　)等信息的管理。

A. 人员出动　　B. 现场情形　　C. 备勤布控方案　　D. 车辆单元信息

答案：CD

25. 天气雷达图的信息为实时信息，信息来源为(　　)。

A. 北京天气网　　B. 北京气象台　　C. 中国天气网　　D. 中央气象台

答案：CD

三、简答题

1. 雨水调蓄池的作用是什么？

答：雨水调蓄池的作用是把雨水径流的高峰流量暂时存入其中，待流量下降后，再从雨水调蓄中将雨水慢慢排出，以削减洪峰流量，实现雨水利用，避免初期雨水对下游受纳水体的污染，控制面源污染。

2. 简述城市安全度汛的汛中保障工作内容。

答：主要包括24小时防汛值班，根据降雨预报及时发布汛情预警，启动防汛响应；雨中做好重点道路、桥区、易积水地区的巡查和守护；做好雨水和排涝泵站的维护，保证正常运行；发生积滞水或其他相关险情，立即组织抽排或抢险，将社会影响和财产损失控制在最小范围；及时收集、整理、分析和报送相关汛情、雨情、险情等动态信息。

四、计算题

1. 已知某小区面积15hm²，其平均径流系数为0.45，当采用重现期$P=2$年，$P=5$年时，计算设计降雨历时20min的雨水设计流量各是多少？[注：暴雨强度$q=\dfrac{850(1+0.745\lg P)}{t^{0.154}}$]

解：已知面积$\psi=15\text{hm}^2$，$F=0.45$，雨水设计流量$Q=\psi\times F\times q$

则：$P=2$年时，$Q=15\times0.45\times850\times(1+0.745\times\lg2)/t^{0.154}=4428.3\text{L/s}$

$P=5$年时，$Q=15\times0.45\times850\times(1+0.745\times\lg5)/t^{0.154}=5500.7\text{L/s}$

第三节　操作知识

一、单选题

1. 以下关于移动式发电机的应用注意事项错误的是(　　)。

A. 使用时需将底架停放在平稳的基础上，运转时不准移动发电机，且不能用杂物遮盖

B. 发电机外壳应有可靠接地，就不需加装漏电保护器

C. 启动前需断开输出开关，将发电机空载启动，运转平稳后再接入负载

D. 发电机应在通风良好的场所使用，严禁在有限空间内部使用

答案：B

2. 若单位采用了新工艺、新技术、新设备，则相关人员在使用这些新工艺、新技术、新设备前，应接受相应的安全知识教育培训，培训不少于(　　)学时。

A. 4　　B. 6　　C. 8　　D. 12

答案：A

3. 安全帽使用后应擦拭干净，妥善保存，不应存储在有酸碱、(　　)高温、阳光直射、潮湿等处，避免重物挤压或尖物碰刺。

A. 30℃以上　　B. 40℃以上　　C. 50℃以上　　D. 60℃以上

答案：C

4. 帽壳与帽衬可用冷水、(　　)的温水洗涤，不可放在暖气片上烘烤，以防帽壳变形。

A. 低于60℃　　B. 低于50℃　　C. 低于40℃　　D. 低于30℃

答案：B

5. 以下关于护目镜的说法错误的是(　　)。

A. 护目镜的宽窄和大小尺是固定不变的

B. 镜片磨损粗糙、镜架损坏等会影响使用人员的视力，应及时调换

C. 护目镜使用后擦拭干净，妥善保存。使用和存储过程中防止重摔重压，防止坚硬物体摩擦镜片和面罩

D. 护目镜存储时应用眼镜布包好放入眼镜盒内，保存时请避免与防虫剂、化妆品、发胶、药品等腐蚀性物品接触，否则会引起镜片、镜架劣化、变质、变色

答案：A

6. 以下关于耳塞耳罩应用的注意事项错误的是(　　)。

A. 耳塞和耳罩均应在进入噪声环境前佩戴好，工作中不得随意摘下

B. 耳塞佩戴前要洗净双手，耳塞应经常用水和温和的肥皂清洗，耳塞清洗后应放置在通风处

C. 自然晾干，不可暴晒。不能水洗的耳塞如脏污或破损时，应进行更换

D. 清洁耳罩时，垫圈可用擦洗布蘸肥皂水擦拭，要将整个耳罩浸泡在消毒水中消毒

答案：D

7. 防尘口罩是从事和(　　)的作业人员的重要防护用品，主要用于含有低浓度有害气体和蒸汽的作业环境以及会产生粉尘的作业环境。

A. 接触粉尘　　B. 接触电焊　　C. 接触微电　　D. 接触电子产品

答案：A

8. 以下有关防尘口罩在应用过程中的说法错误的是(　　)。

A. 根据实际工作和工况环境正确选择防尘口罩的种类

B. 使用前检查各部件是否完整、严密，有破损、部件缺失的口罩应更换

C. 防尘口罩内外两面不能交叉使用

D. 防尘口罩清洁时先用温水和肥皂轻轻地揉搓纱布口罩，碗形面罩可以用软刷蘸洗涤剂，清洗后放置到太阳高温下晒

答案：D

9. 空气呼吸器需要进行交通运输时，应采取可靠的(　　)固定，避免发生碰撞。

A. 机械方式　　B. 人为方式　　C. 固体运输　　D. 液体运输

答案：A

10. 以下气体检测仪作业中的操作规程错误的是(　　)。

A. 检查气体检测仪外观是否完好，检查气管有无破损漏气，均检查完好后方可使用

B. 在洁净空气环境中开机，完成设备的预热和自检

C. 气体检测仪自检结束后若浓度值显示非初始值时应进行“调零”复位操作或更换仪器

D. 检测工作完成后，将仪器关机

答案：D

11. 安全带应由专人保管，存放时，不应接触(　　)或尖锐物体，不应存放在潮湿的地方，且应定期进行外观检查，发现异常必须立即更换，下列描述错误的是。

A. 高温　　B. 明火　　C. 强风　　D. 强碱

答案：C

12. 以下移动式发电机的应用注意事项错误的是(　　)。

A. 使用时需将底架停放在平稳的基础上，运转时不准移动发电机，用随意物品遮盖

B. 发电机运行过程中应密切关注其发动机声音

C. 检查运转部分是否正常，发电机温升是否过高

D. 各部分接线有无裸露，插头有无松动，接地线是否良好，检查无误后方可使用

答案：A

13. 安全交底形式不包括(　　)。

A. 书面交底　　B. 会议交底　　C. 挂牌交底　　D. 私下交底

答案：D

14. 气体检测仪自检结束后，若浓度值显示非初始值时，应进行(　　)复位操作或更换仪器。

A. 调一　　B. 调零　　C. 自行　　D. 关机

答案：B

15. 供气阀总成由节气开关、应急充泄阀、(　　)、插板四部分组成。

A. 凸形接口　　B. 凹形接口　　C. T 形接口　　D. 凸凹形接口

答案：A

16. 以下井室砌筑或修复质量规定的描述错误的是(　　)。

A. 砂浆标号应符合设计要求，配比准确

B. 井室盖板尺寸及预留孔位置应正确，压墙尺寸不需符合设计要求，勾缝整齐

C. 踏步应安装牢固、位置正确

D. 井圈、井盖应完整无损，安装稳固，位置准确

答案：B

17. 以下井盖修复与更换操作规程的描述错误的是(　　)。

A. 井盖发生损坏情况时应立即组织修复，位于交通干道时应及时与交通部门协调配合或设置警示标志，待夜间车流量小时完成修复

B. 井盖发生松动震响时，应根据井盖规格及时更换井圈内密封胶圈

C. 单个井盖发生丢失、破损时，如井圈井座完好，可使用同类型、同尺寸的井盖进行更换处理，同时做好防盗措施

D. 整套井盖更换后，在路面恢复时注意检查井周边沥青必须与原有路面连接平稳，新旧路面接茬可以有毛茬

答案：D

18. 井盖修复与更换操作规程中，下列有关操作要求描述错误的是(　　)。

A. 整套井盖更换或路面修复时，将井盖外沿 35cm 范围路面切割通常“切方、切圆”两种方法任选其一，深度控制在 15～20cm 为宜，或考虑可以凿除旧井盖及井圈深度为准

B. 路面切割完成后，用风镐进行破碎，清理深度至井框底以下 2～3cm 为宜(井盖规格有出入时，以新井盖的规格控制凿除深度)，将旧有井盖、井圈取出

C. 将砂浆搅拌均匀(比例为 1∶3)平铺井筒上方，厚度 2～3cm，将井盖垂直放置砂浆找平层上方，比原有路面高约 5～10mm(用水平尺或者小线找准高程)，井筒外围夯实处理。在检查井安装时必须注意用 1∶1∶2 的混凝土对井圈四周加固，防止检查井位移、下沉；待水泥砂浆凝固后(30min 为宜)方可以平铺热沥青；完成后使用 1∶1 的水泥砂浆对井圈内部进行勾缝处理，勾缝应均匀、密实

D. 井盖安装完成后，在操作面表面淋适量乳化沥青作为黏结层，用沥青填充操作面，高度控制在高出路面 2～3cm；如厚度超出 10cm 时，分层铺设沥青，每层沥青使用平板夯实，如此反复，直至铺设沥青与旧路面高度基本一致

答案：C

19. 以下雨水口整修操作规程的一般规定错误的是(　　)。

A. 雨水口应与道路工程配合施工

B. 雨水口位置应按道路设计图确定

C. 应按雨水口位置及设计要求确定雨水支线管的槽位

D. 可以不按设计图纸要求，选择或预制雨水口井圈(模口)

答案：D

20. 雨水口整修操作规程中，下列操作要求描述错误的是(　　)。

A. 应按设定雨水口位置及外形尺寸，开挖雨水口槽，开挖雨水口支管槽，每侧宜留出 30～40cm 的施工宽度

B. 槽底应夯实，当为松软土质时，应换填石灰土，并及时浇筑混凝土基础

C. 采用预制雨水口时，当槽底为松软土质，应换填石灰土后夯实，并应据预制雨水口底厚度，校核高程，宜低 20～30mm 铺砂垫层

D. 在基础上放出雨水口侧墙位置线、并安放雨水管；管端面露于雨水口内，其露出长度不得大于 2cm，

管端面应完整无破损

答案：A

21. 以“JC031 型”液压绞车为例，以下关于其工作中的操作规程描述错误的是(　　)。

A. 绞车现场布置：将绞车按相邻井中心连线方向，推至检查井外侧，机械绞车置于下游检查井处，辅助绞车位于上游检查井

B. 设置车轮架：垂直按下扶手，松开车轮架挂钩，使车轮架平稳落地

C. 设置定位架：卸下定位架保险销，放下定位板置于井口，使定位架顶紧检查井井圈内侧

D. 设置斜撑：卸下斜撑杆保险销，向下旋转斜撑杆与定位架连接，无需插好保险销

答案：D

22. 以通用型人力绞车为例，以下关于其工作中的操作规程描述错误的是(　　)。

A. 绞车现场布置：将绞车按相邻井中心连线方向，推至检查井外侧，主绞车置于上游检查井处，辅助绞车位于下游检查井

B. 设置车轮架：垂直按下扶手，松开车轮架挂钩，使车轮架平稳落地

C. 设置定位架：卸下定位架保险销，放下定位板置于井口，使定位架顶紧检查井井圈内侧

D. 设置斜撑：卸下斜撑杆保险销，向下旋转斜撑杆与定位架连接，插好保险销

答案：A

23. 以下人工掏挖操作的作业前准备工作描述错误的是(　　)。

A. 严格执行作业审批手续

B. 执行安全交底程序

C. 不需要每次都检查防护设备，如呼吸设备、检测设备、送风设备、发电设备等

D. 对作业现场进行安全隔离并设置危害警示牌与企业告知牌

答案：C

24. 拦蓄自冲洗操作，选择适合的检查井安装机械拦蓄盾栏截上游来水，拦蓄盾高度约为管径(　　)，预留溢流口，防止上游管道发生倒灌。

A. 50%~60%　　B. 60%~70%　　C. 70%~80%　　D. 80%~90%

答案：C

25. 折叠管具有合格的强度和拉伸强度要求，即在 100h，环向应为(　　)，20℃下，静压强度检测结果无破损，无渗漏。单项判定，合格。

A. 8. 6MPa　　B. 12. 4MPa　　C. 15. 8MPa　　D. 16. 5MPa

答案：B

26. 氧化诱导时间，标准为≥(　　)，检测结果 >90min，为合格。

A. 20min　　B. 30min　　C. 45min　　D. 60min

答案：A

27. 充气皮堵封堵操作不包括(　　)。

A. 选择适用管型规格的皮堵

B. 检查皮堵外观是否完好无损坏、老化等现象

C. 正确连接液压泵和皮堵

D. 当管堵上、下游有水压力差时，应对管堵进行支撑

答案：C

28. 内衬厚度应符合设计要求。其检查方法为：逐个检查；在内衬圆周上平均选择(　　)个以上检测点使用测厚仪测量并取各检测点的平均值为内衬管的厚度值，其值不得少于合同书和设计书中的规定值。且当内衬管的设计厚度不大于 9mm 时，各检测点厚度误差允许在 ±20% 之内；内衬管设计厚度不小于 10. 5mm 时，各检测点厚度误差允许在 ±25% 之内。

A. 8　　B. 10　　C. 15　　D. 20

答案：A

29. 聚合物水泥砂浆施工环境宜为(　　)，当低于 5℃时，应采取加热保温措施，不宜在大风天气、雨天

或阳光直射的高温环境下施工，不应在养护期小于3d的砂浆面和混凝土基层上施工。

A. 10~20℃　B. 10~30℃　C. 10~40℃　D. 15~30℃

答案：B

30. 管节横断面注浆孔布置(管内向外)：管径大于1600mm管道时，布置五点，分别为时钟位置(　　)处。

A. 1、4、6、8、11　B. 1、3、5、7、11　C. 2、4、6、8、10　D. 2、4、6、8、12

答案：A

31. 喷涂施工前应使环境温度保持在5℃及以上，相对湿度小于(　　)，基层表面温度不低于15℃。必要时可利用间接式加热器对基层进行烘干。

A. 90%　B. 85%　C. 70%　D. 65%

答案：B

32. 注浆所用的水泥标号不低于42.5级，使用必须在产品出厂日期的(　　)个月之内。

A. 3　B. 5　C. 6　D. 8

答案：A

33. 水泥检验数量：同厂、同标号水泥以(　　)为一检验批，不足者以一批计，每批检验不少于一次。

A. 40t　B. 50t　C. 58t　D. 60t

答案：B

34. 在发泡卷筒最外面的海绵层用油漆滚筒均匀涂上发泡胶有两种浆液可供选择：G-101为双组分浆，101-A和101-B混合后18min开始发泡，体积膨胀3倍；G-200为单一组分浆，遇水后20min发泡，体积膨胀(　　)倍。

A. 10　B. 9　C. 8　D. 7

答案：D

35. 浆液充填率λ的取值可通过现场试验、施工经验和经验公式确定。根据上海、天津和江浙地区的经验，劈裂注浆加固土体的浆液填充率一般在(　　)~20%

A. 5%　B. 8%　C. 10%　D. 15%

答案：D

36. 聚氨酯裂缝嵌补修复工程竣工质量应达到国家地下工程防水等级(　　)级标准，管道接口及井壁无渗水，结构表面无湿渍。

A. 1　B. 2　C. 3　D. 4

答案：A

37. 在发泡卷筒最外面的海绵层用油漆滚筒均匀涂上发泡胶有两种浆液可供选择：G-101为双组分浆，101-A和101-B混合后18min开始发泡，体积膨胀3倍；G-200为单一组分浆，遇水后(　　)发泡，体积膨胀7倍。

A. 10min　B. 20min　C. 30min　D. 40min

答案：B

38. 由水准仪通过初步固定的龙门板上口立尺而读出实读前视数和应读前视数，检查是否一致。若在(　　)误差范围，即对改正值的确认，认定龙门板位置正确，即可固定。

A. ±2mm　B. ±5mm　C. ±9mm　D. ±10mm

答案：A

39. 按照龙门板样板的测设方法，若上缘(　　)时，则样板底与沟底一致，即表示沟管标高已符合要求。否则进行高低的调整。

A. 两点一线　B. 一点一线　C. 三点一线　D. 四点两线

答案：C

40. 已排两管间拉一条定位外边线，其高度应在管(承口)外壁1/2高度处，离管(承口)外壁(　　)，为使沟管移动时不至于碰线。

A. 1cm　B. 3cm　C. 7cm　D. 9cm

答案：A

41. 若排管在采用支撑的沟槽内，则应先进行所排管道的净空和支撑牢固情况的检查，发现有挡道或松动的支撑，必须在替换支撑及加固后才能进行排管，且立即进行排管。以方便排管操作和确保施工安全。对于大于(　　)的沟管，应在排好后立即实施下部加撑，防止竖直板断裂或沟槽坍塌事故的发生。

A. 1200mm　　B. 1300mm　　C. 1500mm　　D. 1800mm

答案：A

42. 管道直径(　　)的管道，采用磅筒进行闭水试验。

A. ≤500mm　　B. ≤800mm　　C. ≤900mm　　D. ≤1000mm

答案：B

43. 管道直径(　　)的管道采用窨井进行闭水检验。

A. ≥800mm　　B. ≥1000mm　　C. ≥1500mm　　D. ≥1800mm

答案：B

44. 试验前加水试闭(　　)，待水位下降稳定后，正式进行闭水试验。

A. 5min　　B. 10min　　C. 15min　　D. 20min

答案：D

45. 油缸(千斤顶)在工作坑内布置方式常为单列、并列和双层并列式等，下列有关说法错误的是(　　)。

A. 当采用单列布置时，应使千斤顶中心与管中心的垂线对称

B. 采用多台并列时，顶力合力作用点与管壁反作用力合力作用点应在同一轴线上，防止产生顶进力偶，造成顶进偏差

C. 根据施工经验，采用人工挖土，管上半部管壁与土壁有间隙时，千斤顶的着力点作用在垂直直径的1/5～1/4为宜

D. 把工具管或掘进机和第一节管顶入土中的这一顶进过程称为初始顶进，它是整个顶管过程中最为重要的一个环节

答案：D

46. 行正式磅水加水至标准高度，观察水位下降值，计算(　　)水位下降平均值。

A. 10min　　B. 15min　　C. 25min　　D. 30min

答案：D

47. 根据所顶砼管道内径大小确定，管径为(　　)，布设一根注浆管，每顶进一根管道安装两根，在砼管与砼管接缝处用钢片焊接成卡，随着管道顶进而带动前行，直到单侧顶进完毕为止。

A. ϕ200mm，ϕ400mm　　B. ϕ600mm，ϕ800mm　　C. ϕ900mm，ϕ1000mm　　D. ϕ1000mm，ϕ1500mm

答案：B

48. 顶管完成后，利用拌浆机和高压注浆泵，通过该管压入水泥浆，压浆材料选用水泥和粉煤灰，比例按(　　)配置而成。

A. 1:4　　B. 1:6　　C. 1:8　　D. 1:9

答案：A

49. 工作坑的开挖采用人工开挖配合吊车使用吊框出土，每次下挖深度不大于(　　)。护壁方式与隧道主体相同，采用挖孔灌注桩配合网喷护壁。

A. 1m　　B. 1. 2m　　C. 1. 5m　　D. 1. 8m

答案：B

50. 压力从0. 5MPa慢速调到(　　)，使压入的水泥浆包裹砼管外壁，达到无空隙，起到防沉防裂作用。

A. 0. 3MPa　　B. 0. 6MPa　　C. 0. 8MPa　　D. 2. 0MPa

答案：D

51. 若工程招标投标编制工程量清单，应按“(　　)”附录中的工程量计算规则算量。

A. 计价准则　　B. 工程标准　　C. 计价规范　　D. 施工规则

答案：C

52. 为了保证工程量计算的精确度，工程数量的有效位数应遵守以下规定：以“(　　)”为单位，应保留小数点后3位数字，第4位四舍五入。

A. m　　B. t　　C. m^3　　D. m^2

答案：B

53. 楼层圈梁在门窗洞口处截面加厚时，其混凝土及钢筋工程量都应按(　　)计算。

A. 快速　　B. 分段　　C. 分层　　D. 分区域

答案：B

54. 编号应具有(　　)性，为了便于归档和检索，编号应包含分类号和流水号。没有编号标识或不符合标识要求的记录表格是无效的表格。

A. 唯一　　B. 多样　　C. 双面　　D. 随机

答案：A

55. 填写施工记录表单要遵循“(　　)”的原则。

A. 准确、有效　　B. 准确、及时、有效　　C. 准确、齐全、及时、有效　　D. 准确、齐全

答案：C

56. (　　)施工需要统计的报表内容应包含：工程名称、工程地点、填表时间、人员设备、主辅料、当天气候条件、施工工法、工作进度、存在问题及改进措施等。

A. 建筑　　B. 排水管道　　C. 排水工程　　D. 下水管道

答案：B

57. 班组安全员针对作业小组每周进行不少于(　　)次的现场安全检查，要求有记录和隐患整改措施，作业检查标准参照生产管理部门对生产安全检查的要求。

A. 1　　B. 2　　C. 3　　D. 4

答案：A

二、多选题

1. 四合一施工法：即(　　)四道工序合在一起连续不间断的施工方法。

A. 平基　　B. 稳管　　C. 管座

D. 抹带　　E. 垫块

答案：ABCD

2. 以下属于适合在露天环境作业的安全帽的是(　　)。

A. 大檐帽　　B. 大舌帽　　C. 小沿帽　　D. 船形帽

答案：AB

3. 护目镜存储时应用眼镜布包好放入眼镜盒内，保存时请避免与(　　)等腐蚀性物品接触，否则会引起镜片、镜架劣化、变质、变色。

A. 防虫剂　　B. 化妆品　　C. 发胶　　D. 药品

答案：ABCD

4. 气体检测仪读数偏高可能出现的原因有(　　)。

A. 灵敏度上升　　B. 灵敏度下降　　C. 传感器失效　　D. 传输器失效

答案：AC

5. 三脚架主要由三脚架主体、(　　)、防滑链等部分组成。

A. 滑轮组　　B. 防坠器　　C. 防坠绳　　D. 安全绳

答案：ABD

6. 移动式发电机是为临时性的(　　)等设备提供电源的小型发电设备。

A. 通风　　B. 排水　　C. 供电　　D. 照明

答案：ABCD

7. 检查电缆外观时，以下电缆外观合格的是(　　)。

A. 无破裂　　B. 无老化　　C. 无裸线　　D. 轻微伤痕

答案：ABC

8. 以下属于吸污车配套工具的是(　　)。

A. 吸管　　B. 球阀扳手　　C. 金属吸管扶手　　D. 手持导轮

答案：ABC

9. 以下井室砌筑或修复质量规定正确的是(　　)。

A. 砂浆标号应符合设计要求，配比准确

B. 井室盖板尺寸及预留孔位置应正确，压墙尺寸不需符合设计要求，勾缝整齐

C. 踏步应安装牢固、位置正确

D. 井圈、并盖应完整无损，安装稳固，位置准确

答案：ACD

10. 以下属于高压射流车配套工具的是(　　)。

A. 井口导轮支架　　B. 管钳　　C. 水笼带　　D. 吸管

答案：ABC

11. 以下雨水口操作要求正确的是(　　)。

A. 槽底应夯实，当为松软土质时，应换填石灰土，并及时浇筑混凝土基础

B. 采用预制雨水口时，当槽底为松软土质，应换填石灰土后夯实，并应据预制雨水口底厚度，校核高程，宜低 30～40mm 铺砂垫层

C. 雨水口底应用水泥砂浆抹出雨水口泛水坡

D. 雨水口内应保持清洁，砌筑时应随砌随清理，载完成后及时加盖，保证安全

答案：ACD

12. 以“JC031 型”液压绞车为例，下列其工作中的操作规程描述正确的是(　　)。

A. 绞车现场布置：将绞车按相邻井中心连线方向，推至检查井外侧，机械绞车置于下游检查井处，辅助绞车位于上游检查井

B. 设置车轮架：垂直按下扶手，松开车轮架挂钩，使车轮架平稳落地

C. 设置定位架：卸下定位架保险销，放下定位板置于井口，使定位架顶紧检查井井圈内侧

D. 设置斜撑：卸下斜撑杆保险销，向下旋转斜撑杆与定位架连接，无需插好保险销

答案：ABC

13. 吸污车抽排操作中，有关吸引操作描述错误的是(　　)。

A. 开启回收罐后方的吸引阀，断开取力器开关

B. 开启负荷释放阀；如果需要暂时中断或停止时，将负荷释放阀慢慢打开即可

C. 工作完工后将负荷释放阀慢慢打开，等到真空压降至 -30kPa 以下后，通过节流阀将发动机的转速调至空转速度

D. 将吸污胶管尽可能深地插入污泥中，保证管端在作业过程上始终距液面 300mm 以下

答案：AB

14. 以下人工掏挖操作的作业前准备工作的描述正确的是(　　)。

A. 严格执行作业审批手续

B. 执行安全交底程序

C. 不需要每次都检查防护设备，如呼吸设备、检测设备、送风设备、发电设备等

D. 对作业现场进行安全隔离并设置危害警示牌与企业告知牌

答案：ABD

15. 关于机械绞车疏通操作，“JC031 型”液压绞车操作规程描述正确的是(　　)。

A. 设置斜撑：卸下斜撑杆保险销，向下旋转斜撑杆与定位架连接，插好保险销

B. 设置穿管器：利用穿针引线方式将穿管器从上游管口穿至下游管口，连接机械绞车钢丝绳后，原位抽出穿管器，将机械绞车钢丝绳带出上游管口

C. 安装疏通器具：将疏通器具(松泥耙、簸箕、刮泥板)前端连接机械绞车钢丝绳，尾端连设置车轮架；垂直按下扶手，松开车轮架挂钩，使车轮架平稳落地

D. 接辅助绞车钢丝绳后，放入上游管口内

答案：ABC

16. 以下雨水口整修操作规程的一般规定正确的是(　　)。

A. 雨水口应与道路工程配合施工

B. 雨水口位置应按道路设计图确定

C. 应按雨水口位置及设计要求确定雨水支线管的槽位

D. 可以不按设计图纸要求，选择或预制雨水口井圈(模口)

答案：ABC

17. 一般来说，一处缺陷表述主要由(　　)几部分组成。

A. 基本信息：测检地点、道路名称、管段信息、检测时间和缺陷距起点距离等

B. 缺陷标注：详细标出缺陷在图片中的位置

C. 代码和等级：判定出缺陷的代码和等级

D. 环向位置：时钟表示法确认

答案：ABCD

18. 充气皮堵封堵操作包括(　　)。

A. 选择适用管型规格的皮堵

B. 检查皮堵外观是否完好无损坏、老化等现象

C. 正确连接液压泵和皮堵

D. 当管堵上、下游有水压力差时，应对管堵进行支撑

答案：ABD

19. 管节横断面注浆孔布置(管内向外)：管径大于1600mm管道时，布置点分别为时钟位置(　　)处。

A. 1　　B. 3　　C. 4　　D. 6

E. 8　　F. 11

答案：ACDEF

20. 在对每一段管道检测前，应在检测设备内录入管道基础信息，包括(　　)以及检测人等。设备不具有录入功能的也可以拍摄看板的方式记录此项工作。

A. 所在地点　　B. 设施名称　　C. 设施标段

D. 管径　　E. 时间

答案：ABCDE

21. 以下关于竖撑式支护拆除的描述正确的是(　　)。

A. 它虽然不需要拆撑板，但在回填土夯实的同时应与支撑杆的拆除紧密配合，交替进行，自下而上地逐段分层填夯，依次拆除，做到随覆土随拆除

B. 对于竖撑式中需要回收的支护，如钢板桩、钢管桩等，不能在拆填完成后，急于拔走竖撑支护材料，待沟槽内土体基本沉实稳定后再予拔起，以免过早拆除造成地面开裂、下沉等

C. 当回填土高度超过管顶以上1.5m时，方可使用碾压机械进行碾压

D. 竖撑式支护可直接拆除，无须回收

答案：AB

22. 油缸(千斤顶)在工作坑内布置方式常为单列、并列和双层并列式等，以下有关说法正确的是(　　)。

A. 当采用单列布置时，应使千斤顶中心与管中心的垂线对称

B. 采用多台并列时，顶力合力作用点与管壁反作用力合力作用点应在同一轴线上，防止产生顶进力偶，造成顶进偏差

C. 根据施工经验，采用人工挖土，管上半部管壁与土壁有间隙时，千斤顶的着力点作用在垂直直径的1/5~1/4为宜

D. 把工具管或掘进机和第一节管顶入土中的这一顶进过程称为初始顶进，它是整个顶管过程中最为重要的一个环节

答案：ABC

23. 以下有关工作坑开挖与支护的描述正确的是(　　)。

A. 竖井工作坑施工前必须完成降水，管井深度20m，泵站段计划布设4口降水井

B. 工作坑的开挖采用人工开挖配合吊车使用吊框出土，每次下挖深度不大于1.2m；护壁方式与隧道主体相同，采用挖孔灌注桩配合网喷护壁

C. 导轨设置是顶管工程的关键，要求牢固可靠，轨距、高程、流水方向必须准确；导轨方向应绝对和管轴线方向平行，且导轨中心间距轴线和所要顶进管道轴线的垂直投影线完全重合一致，导轨标高偏差应符合规范要求，不得大于3mm

D. 按设计工作竖井断面尺寸开挖，清理井壁、喷浆、土钉打入、内层钢筋网片安装焊接、喷射砼、外层网片安装焊接，喷射混凝土封闭，完成一个循环。施工采用单班制作业，组织2个班，单井每班12人；地表水防治处理：沿竖井主体周围设置排水明沟，控制地表水流入井内。并使得井内土体得到一定的疏干和固结

答案：ABD

24. 安全技术措施的主要内容包括(　　)。

A. 安全技术措施中必须包含施工总平面图，在施工总平面图中对危险的油库、易燃材料库、变电设备、材料和构配件的堆放位置、塔式起重机、物料提升机(井架、龙门架)、施工用电梯、垂直运输设备位置、搅拌台的位置等按照施工需求和安全规程的要求明确定位，并提出具体要求

B. 结构复杂，危险性大、特性较多的分部分项工程应编制专项施工方案和安全措施，如基坑支护与降水工程、土方开挖工程、模板工程、起重吊装工程、脚手架工程、拆除工程、爆破工程等，必须编制单项的安全技术措施，并要有设计依据、有计算、有详图、有文字要求

C. 季节性施工安全技术措施，就是考虑夏季、季、冬季等不同季节的气候对施工生产带来的不安全因素可能造成的各种突发性事故，而从防护上、技术上、管理上采取的防护措施

D. 一般工程可在施工组织设计或施工方案的安全技术措施中编制季节性施工安全措施：危险性大、高温期长的工程，应单独编制季节性的施工安全措施

E. 三级安全教育制度是企业必须基础的安全生产基本制度，每个新员工必须接受安全生产方面的教育，即三级安全教育

答案：ABCD

25. 施工记录是在施工过程中形成的各种记录表格，是确保(　　)的各种检查、记录的统称。

A. 工程质量　　B. 施工规范　　C. 安全　　D. 施工方案

答案：AC

三、实操题

1. 简述空气呼吸器操作规程。

答：1)使用前检查

(1)检查全面罩面窗有无划痕、裂纹，面框橡胶密封垫有无灰尘、断裂等影响密封性能的因素存在。检查头带、颈带是否断裂、连接处是否断裂、连接处是否松动。

(2)打开气瓶阀，观察压力表，指针应位于压力表的绿色范围内。

(3)继续打开气瓶阀，观察压力表，压力表指针在1min之内下降应小于0.5MPa，如超过该泄漏指标，应马上停止使用该呼吸器。

(4)打开随后关闭气瓶阀，然后缓慢打开充泄阀，注意压力表指针下降至(5±0.5) MPa时，报警器是否开始报警，报警声音是否响亮。

(5)面罩气密性能检查合格后，将供气阀与面罩连接好，关闭供气阀的充泄阀，深呼吸几下，呼吸应顺畅，按下供气阀上的橡胶罩保护杠杆开关2次，供气阀应能正常打开。

2)呼吸器佩戴及操作

(1)两手抓住背架体两侧，将呼吸器举过头顶，气瓶阀朝下，重心落到背上。

(2)调节肩带、腰带直至舒适位置并扣紧。

(3)打开气瓶阀，旋转至少两周。

(4)佩带好面罩，使下巴、嘴、鼻进入面罩下面的凹形内。

(5)安装供气阀，将供气阀上的红色充泄阀旋钮放在12点钟的位置，确认其与面罩接口吻合后。顺时针旋转90°，将供气阀上的插板划入面罩上的卡扣中锁紧供气阀，并伴有“咯哒”声。

(6)使用结束时，脱下面罩。按下供气阀橡胶罩保护杠杆开关，切断气源。

(7)卸下装备，关闭气瓶阀，然后轻轻打开充泄阀，放掉系统管道中的余气后再次关闭充泄阀。

3）注意事项

（1）在使用中，因碰撞或其他原因引起面罩错动时，应屏住呼吸，及时将面罩复位，但操作时要保持面罩紧贴脸上，千万不能从脸上拉下面罩。

（2）储气瓶的余气报警压力为5MPa时储气量可供人体呼吸使用大约5～8min。听到报警后应及时撤离现场，以保证生命安全。

2. 简述雨水口整修操作步骤。

答：整修雨水口操作步骤如下：

1）应按设定雨水口位置及外形尺寸，开挖雨水口槽，开挖雨水口支管槽，每侧宜留出30～50cm的施工宽度。

2）槽底应夯实，当为松软土质时，应换填石灰土，并及时浇筑混凝土基础。

3）采用预制雨水口时，当槽底为松软土质，应换填石灰土后夯实，并应据预制雨水口底厚度，校核高程，宜低20～30mm铺砂垫层。

4）在基础上放出雨水口侧墙位置线、并安放雨水管。管端面露于雨水口内，其露出长度不得大于2cm，管端面应完整无破损。

5）当立缘石内有50cm宽平石，且使用宽度小于或等于50cm雨水口框时，宜与平石贴路面一侧在一直线上。

6）砌筑雨水口应灰浆饱满，随砌随勾缝。

7）雨水口内应保持清洁，砌筑时应随砌随清理，载完成后及时加盖，保证安全。

8）雨水口底应用水泥砂浆抹出雨水口泛水坡。

9）路下雨水口、雨水支管应根据设计要求浇筑混凝土基础。坐落于道路基层内的雨水支管应作C25级混凝土全包封，且在包封混凝土达到75%强度前，不得放行交通，施工车辆通过应采取保护措施。

3. 以排水管道工程图的平面图为例，简述其绘制方法及步骤。

答：1）选择绘图比例，布置绘图位置：根据确定的绘图比例和图面的大小，选用适当的图幅。制图前还应考虑图面布置的均称，并留出注写尺寸、井号、指北针、说明及图例等所需的位置。

2）绘制主干线：根据设计意图及上、下游管线位置，确定主干线位置，并绘于图纸上。

3）绘制支线及检查井：干线管径大小上。根据现况确定支线接人位置，根据确定检查井井距，并将支线及检查井绘制于图面。

4）加粗图线：将绘制完的图线检查一下，将不需要的线条除去，按国标规定的线型及画法加粗图线。

5）标注尺寸及注写文字：按照平面图所应包括的内容，注写井号、桩号、管线长度、管径等；标注管线与其他建筑物或红线的相对位置，对于转折点的检查井应有栓桩；标注与管线相连的上下游现况管线的名称及管径；绘制指北针、说明及图例。

6）检查：当图纸绘制完成后，还要进行一次全面的检查工作，看是否有画错或画得不好的地方，然后进行修改，确保图纸质量。

7）出图：使用AutoCAD画图的，需要设置适当的出图比例，然后打印输出。建议在图纸空间布局中打印输出在模型空间中各个不同视角下产生的视图。